基于FPGA的
通信系统综合设计实践

主编 向强

重庆大学出版社

内容简介

本书基于 Xilinx 公司的 FPGA 器件,以 MATLAB/Simulink 算法仿真软件、VIVADO 开发软件以及 System Generator for DSP(SysGen)算法逻辑软件等为开发工具,详细阐述通信调制解调系统的 FPGA 实现原理、结构、方法和仿真测试过程,并通过大量实验案例分析了 FPGA 实现过程中的具体技术细节。本书内容主要包括 AD/DA 接口设计、数字信号处理基础、AM 调制解调、DSB 调制解调、SSB 调制解调、2ASK 调制解调、2FSK 调制解调、2PSK 调制解调、2DPSK 调制解调、QPSK 调制解调、QAM 调制解调、扩频通信系统的设计与实践等。

本书可作为电子信息类以及相关专业的研究生、高年级本科生学习"数字通信系统设计"课程的教学参考书,也可作为从事数字通信和数字信号处理领域的 FPGA 设计工程师、科研人员的自学参考书。

图书在版编目(CIP)数据

基于 FPGA 的通信系统综合设计实践 / 向强主编. --
重庆:重庆大学出版社,2023.9
电子信息工程专业本科系列教材
ISBN 978-7-5689-3944-7

Ⅰ. ①基… Ⅱ. ①向… Ⅲ. ①通信系统—系统设计—
高等学校—教材 Ⅳ. ①TN914

中国国家版本馆 CIP 数据核字(2023)第 150380 号

基于 FPGA 的通信系统综合设计实践
JIYU FPGA DE TONGXIN XITONG ZONGHE SHEJI SHIJIAN

主 编 向 强
副主编 常淑娟
策划编辑:范 琪

责任编辑:杨育彪   版式设计:范 琪
责任校对:王 倩   责任印制:张 策

*
重庆大学出版社出版发行
出版人:陈晓阳
社址:重庆市沙坪坝区大学城西路 21 号
邮编:401331
电话:(023)88617190   88617185(中小学)
传真:(023)88617186   88617166
网址:http://www.cqup.com.cn
邮箱:fxk@cqup.com.cn(营销中心)
重庆天旭印务有限责任公司印刷

*
开本:787mm×1092mm   1/16   印张:15.5   字数:380 千
2023 年 9 月第 1 版   2023 年 9 月第 1 次印刷
印数:1—1 500
ISBN 978-7-5689-3944-7   定价:59.00 元

前　言

　　近年来,在数字通信、网络、视频和图像处理领域,FPGA 已经成为高性能数字信号处理系统的关键元件。目前的 FPGA 芯片不再扮演胶合逻辑的角色,而成为数字信号处理系统的核心器件。在芯片内,不仅包含了逻辑资源,还有多路复用器、存储器、硬核乘加单元以及内嵌的处理器等设备,并且具备高度并行计算的能力,使 FPGA 已成为高性能数字信号处理的理想器件,特别适合完成数字滤波、快速傅立叶变换等。但遗憾的是,FPGA 并未在数字信号处理领域获得广泛应用,主要原因是:首先,大部分 DSP(Digtal Signal Processing)设计者虽然对 C 语言或 MATLAB 工具很熟悉,但不了解硬件描述语言 VHDL 和 Verilog HDL;其次,部分 DSP 设计者认为对 HDL 语言在语句可综合方面的要求限制了其编写算法的思路。基于此,Xilinx 公司推出了简化 FPGA 数字处理系统的集成开发工具 System Generator for DSP,可快速、简易地将 DSP 系统的抽象算法转化成可综合的、可靠的硬件系统,为 DSP 设计者扫清了编程的障碍。

　　System Generator for DSP 是业内领先的高级系统级 FPGA 开发工具,借助 FPGA 来设计高性能 DSP 系统,其强大的提取功能可利用最先进的 FPGA 芯片来开发高度并行的系统,并和 Simulink(MathWorks 公司产品)实现无缝链接,从而快速建模并自动生成代码。此外,System Generator 是 Xilinx 公司 XtremeDSP 解决方案的关键组成,集成了先进的 FPGA 设计工具以及 IP 核,支持 Xilinx 公司全系列的 FPGA 芯片,提供从初始算法验证到硬件设计的通道。System Generator 最大的特点就是可利用 Simulink 建模和仿真环境来实现 FPGA 设计,而无须了解和使用 RTL 级硬件语言,让 DSP 设计者能够发挥基于 FPGA 的 DSP 的最大性能和灵活性,并缩短整个设计周期。

　　目前现代电子系统设计重点已经转向基于 FPGA 的 DSP 算法的实现。当前众多算法的硬件设计方式主要通过 Xilinx 公司提供的 ISE 和 Vivado 实现。当前主流设计方法为:首先通过 MATLAB 对设计进行仿真,然后通过代码实现算法工程,并生成 FPGA 电路设计,其核心在于数字信号处理过程的实现,常通过 Verilog HDL 或者 VHDL 硬件设计语言对数字信号处理算法进行实现,但由于不同专业编译人员代码风格不同,使得后期的人员阅读和修改非常困难。编译完成后,需要先通过 MATLAB 等方式产生数据,通过 Modelsim 等逻辑验证软件对生成的硬件逻辑进行验证。由于 Modelsim 属于电路设计仿真，还需要通过 Chipscope 对硬件设计进行板级验证。将 Chipscope 抓取的验证数据导入 MATLAB，通过分析数据来验证电路设计是否满足算法要求。可见传统设计方式存在不同软件之间不断切换、代码不易读和学习周期长等缺陷。随着硬件设计方式的发展，Xilinx 公司发布的新一代硬件开发软件 System Generator 与 MathWorks 公司的 MATLAB 和 Simulink 软件相结合，提供了针对系统级建模的 DSP 设计方法，极大地优化了硬件设计流程，构建了直观图形化设计方法与硬件电路实现的途径，提高了设计的可读性和易修改性，相关项目可以直接通过简单的复制粘贴方式将设计移植到新的设计中，加快了项目开发的速度，通过移植成熟项目中的设计，降低了设计风险。图形化的界面代替传统 Verilog HDL 语言和 VHDL 语言开发的方式，避免了代码可读性差、编译人员个人代码风格导致对项目修改的困难，并且 MATLAB 和 Simulink 的融合使测试流程简化，对处理结果的数据分析变得简便直观。但是由于 System Generator 采用近似于数字电路设计的开发方式，使其设计方式近似于直接设计数字电路，虽然弱化了开发人员代码学习过程和个人代码风格对硬件开发的影响，但是对设计人员数字电路设计的理解和掌握提出了更高的要求。当前，基于 System Generator 的系统级硬件设计方法在开发周期、设计可读性、类似项目之间的移植性等方面已经表现出了巨大的优势。随着 Xilinx 公司对其不断的开发，越来越多的开发步骤以更简洁直观的方式展现，更多的算法将作为封装模块提供给工程师使用，具备了替代当前传统设计方法成为主流设计方法的潜能。

在当前"新工科"和一流本科专业建设中，学生培养环节中非常重要的一点是培养学生的系统概念，这是培养学生工程科技能力和产业创新能力的关键。同样，在本科阶段的工程教育专业认证中，培养学生的系统概念也是非常关键的环节。复杂的工程问题不是由某一门课程解决的，而是要依靠复杂的知识系统。因此，应充分培养学生的系统概念。目前大多数高校电子通信类各专业课的教学相对独立，实验教学以验证性实验为主，每一个实验都是针对教学内容中某个重要的知识点，由于理论知识深，内容抽象，学生很难将相关的知识点贯穿起来，很难对整个通信系统有全面、清晰的认知和理解。另外，各专业课的实验教学主要通过两种方式来进行：一是采用实验箱教学。如通信原理主要是利用实验箱进行实验，学生按照实验指导书的要求进行设置，通过示波器观察输入输出信号理解实验原理，由于实验箱硬件是固定的，因此学生做实验的局限性较大。二是基于仿真平台。如信息论与编码、数字信号处理等，主要是利用仿真软件（如 MATLAB）在计算机上进行仿真。这种方法没有受到实验硬件条件的限制,学生进行实验比较方便灵活,但是这种仿真实验缺少硬件的实现,不能用示波器实时观察信号,学生的系统概念难以建立,对学生动手能力的培养有所欠缺。为此,本书基于多课程融合与贯穿的实践教学理念,依托 FPGA 强大的开发设计功能和业界先进的 System Generator for DSP 开发工具,将数字逻辑与接口技术、信号与系统、数字信号处理、通信原理等专业课程的实验在同一硬件平台上进行融合与设计实现,使各专业课的实验不再受特定实验箱的限制。而且,各专业课的实验不再孤立地进行,而是可以通过综合实践平台整合在一起,弥补理论教学的不足。该教学方法既让学生对各专业课的理论知识有了更深的理解,也将各专业课的知识融会贯通,同时又提高了学生的硬件开发能力,有效提高了学生分析问题和解决问题的能力。当然,现代电子系统设计技术是不断发展的,相应的教学内容和教学方法也应不断地改进,还有许多问题值得深入探讨。

本书由西南民族大学向强任主编,负责编写第 1 章—第 5 章;西安邮电大学常淑娟任副主编,负责编写第 6 章和第 7 章。全书由向强统稿。同时,本书的编写与出版获得了四川省高等教育人才培养质量和教学改革项目(项目编号:JG2021-416)、西南民族大学通信工程省级一流本科专业建设项目的资助。

由于编者水平有限,书中难免会存在疏漏之处,恳请读者批评指正。

编　者
于成都　西南民族大学
2023 年 5 月

目 录

FPGA与Xilinx开发工具简介

1.1 FPGA 介绍

FPGA 是英文 Field Programmable Gate Array 的缩写,即现场可编程门阵列,是在可编程阵列逻辑 PAL(Programmable Array Logic)、门阵列逻辑 GAL(Gate Array Logic)、可编程逻辑器件 PLD(Programmable Logic Device)等可编程器件的基础上进一步发展的产物。它是作为专用集成电路(ASIC)领域中的一种半定制电路而出现的,既解决了定制电路的不足,又克服了原有可编程器件门电路数有限的缺点。

1.1.1 FPGA 的历史和发展

自 20 世纪 70 年代以来,可编程逻辑器件(PLD)作为一种通用型器件迅速发展起来,改变了采用固定功能器件、自下而上的传统数字系统设计方法。使用可编程逻辑器件,用户可通过编程的方式实现所需逻辑功能,而不必依赖由芯片制造商设计和制造的 ASIC 芯片。

从 PLD 的发展历程来看,按照结构区分,前后共有 4 种可编程逻辑器件类型:PLA、PAL、CPLD 和 FPGA。

PLA(Programmable Logic Arrays)同时具有可编程的"与逻辑"和"或逻辑"阵列结构,采用反熔丝编程方式,集成密度较低,只能完成相对简单的组合逻辑功能,只能进行一次性编程。为实现时序逻辑,20 世纪 70 年代末美国单片存储器公司(Monolithic Memories Inc,MMI)率先推出 PAL 器件。PAL 具有可编程的"与逻辑"阵列和固定的或门,具有 D 触发器和反馈功能,能够实现时序电路,但同样采用反熔丝编程方式,也是一种低密度、一次性编程的逻辑器件。

由于整体架构,若将 PAL 的规模和密度进一步提高,就需要增加"与逻辑"阵列的规模和更多的 I/O 端口,由此会带来版图面积的指数增长,可行的方法是将更多的 PAL 集成在一起,于是便出现了 CPLD(Complex Programmable Logic Device)器件。

早期的 CPLD 大都采用 EPROM、Flash(闪存式存储器)或 E^2PROM(电擦除可编程只读存储器)的可编程技术,后期基于 SRAM(静态随机存储器)可编程技术的发展使 CPLD 器件的密度得到了提高,可实现复杂的组合和时序逻辑。由于继承了 PAL 的架构体系,CPLD 器件规模与密度很难随着半导体工艺技术的发展而进一步提高,需要寻求截然不同的设计方法。

基于 SRAM 可编程技术的 FPGA 概念最初由 Wahlstrom 于 1967 年提出,与 PAL 器件的"与或"逻辑阵列结构不同,FPGA 由许多独立的可编程逻辑模块组成,逻辑模块之间的连接通过可编程开关实现。这种体系结构具有逻辑单元灵活、集成度高、适用范围广等优点。为充分利用连线资源,通常 FPGA 具有多种长度的连线单元,使电路的延时特性具有多种可能。

基于 SRAM 控制的可编程开关结构使可编程器件具有较大的配置灵活性,但是与 ROM 相比,需要耗费较大的版图面积来实现可编程开关,因此直到 1984 年,随着亚微米 CMOS 工艺的出现,Xilinx 公司才推出第一片基于 SRAM 编程技术的 FPGA。

FPGA 既具有门阵列器件的高集成度和通用性,又具有用户可编程的灵活性,在规模和密度上的发展不受整体架构的限制,同时 FPGA 还具有功能强大的 EDA 软件的支持,在随后的 30 多年中得到了飞速发展。

1.1.2　FPGA 的优势及应用

FPGA 技术具有以下五大优势。

1）性能

利用硬件并行的优势,FPGA 打破了顺序执行的模式,在每个时钟周期内完成更多的处理任务,超越了数字信号处理器(DSP)的运算能力。著名的分析与基准测试公司 BDTI,发布基准表明在某些应用方面,FPGA 每美元的处理能力是 DSP 解决方案的多倍。

2）上市时间

尽管上市的限制条件越来越多,FPGA 技术仍提供了灵活性和快速原型的能力。用户可以测试一个想法或概念,并在硬件中完成验证,而无须经过自定制 ASIC 设计漫长的制造过程。因此用户可以在数小时内完成逐步修改并进行 FPGA 设计迭代,省去了几周的时间。高层次的软件工具的日益普及降低了学习曲线与抽象层,并经常提供有用的 IP 核来实现高级控制与信号处理。

3）成本

自定制 ASIC 设计的非经常性工程(NRE)费用远远超过基于 FPGA 的硬件解决方案所产生的费用。ASIC 设计初期的巨大投资表明了原始设备制造商每年需要运输数千种芯片,但更多的最终用户需要的是自定义硬件功能,从而实现数十至数百种系统的开发。可编程芯片的特性意味着用户可以节省制造成本以及漫长的交货组装时间。系统的需求随时都会发生改变,但改变 FPGA 设计所产生的成本相对 ASCI 的巨额费用来说是微不足道的。

4）稳定性

软件工具提供了编程环境,FPGA 电路是真正的编程"硬"执行过程。基于处理器的系统往往包含了多个抽象层,可在多个进程之间计划任务、共享资源。驱动层控制着硬件资源,而操作系统管理着内存和处理器的带宽。

5）长期维护

正如上文所提到的，FPGA 芯片是现场可升级的，无须重新设计 ASIC 涉及的时间与费用投入。举例来说，数字通信协议包含了可随时间改变的规范，而基于 ASIC 的接口可能会造成维护和向前兼容方面的困难。可重新配置的 FPGA 芯片能够适应未来需要做出修改。随着产品或系统的成熟，用户无须花费时间重新设计硬件或修改电路板布局就能增强功能。

基于以上 FPGA 的优势，通常在以下领域使用 FPGA。

1）数据采集和接口逻辑领域

（1）FPGA 在数据采集领域的应用

由于自然界的信号大部分是模拟信号，因此一般的信号处理系统中都要包括数据的采集功能。通常的实现方法是利用 A/D 转换器将模拟信号转换为数字信号后，送给处理器，比如利用单片机（MCU）或者数字信号处理器（DSP）进行运算和处理。

对于低速的 A/D 和 D/A 转换器而言，可以采用标准的 SPI 接口与 MCU 或者 DSP 通信。但是，高速的 A/D 和 D/A 转换芯片，比如视频 Decoder 或者 Encoder，不能与通用的 MCU 或者 DSP 直接接口。在这种情况下，FPGA 可以完成数据采集的粘合逻辑功能。

（2）FPGA 在逻辑接口领域的应用

在实际的产品设计中，很多情况下需要与 PC 机进行数据通信。比如，将采集到的数据送给 PC 机处理，或者将处理后的结果传给 PC 机进行显示等。PC 机与外部系统通信的接口比较丰富，如 ISA、PCI、PCI Express、PS/2、USB 等。

传统的设计中往往需要专用的接口芯片，比如 PCI 接口芯片。如果需要的接口比较多，就需要较多的外围芯片，其体积、功耗都比较大。采用 FPGA 的方案后，接口逻辑都可以在 FPGA 内部实现，大大简化了外围电路的设计。

在现代电子产品设计中，存储器得到了广泛应用，如 SDRAM、SRAM、Flash 等。这些存储器都有各自的特点和用途，合理地选择储存器类型可以实现产品的最佳性价比。由于 FPGA 的功能可以完全自己设计，因此可以实现各种存储接口的控制器。

（3）FPGA 在电平接口领域的应用

除了 TTL、COMS 接口电平，LVDS、HSTL、GTL/GTL+、SSTL 等新的电平标准也逐渐被很多电子产品采用。比如，液晶屏驱动接口一般都是 LVDS 接口，数字 I/O 一般是 LVTTL 电平，DDR SDRAM 电平一般是 HSTL 的。

在这样的混合电平环境里面，如果用传统的电平转换器件实现接口会导致电路复杂性提高。利用 FPGA 支持多电平共存的特性，可以大大简化设计方案，降低设计风险。

2）FPGA 在高性能数字信号处理领域的应用

无线通信、软件无线电、高清影像编辑和处理等领域，对信号处理所需要的计算量提出了极高的要求。传统的解决方案一般是采用多片 DSP 并联构成多处理器系统来满足需求。

多处理器系统带来的主要问题是设计复杂度和系统功耗都大幅度提升，系统稳定性受到影响。FPGA 支持并行计算，而且密度和性能都在不断提高，已经可以在很多领域替代传统的多 DSP 解决方案。

例如,实现高清视频编码算法 H. 264。采用 TI 公司 1 GHz 主频的 DSP 芯片需要 4 颗芯片,而采用 Altera 的 StratixII EP2S130 芯片只需要 1 颗就可以完成相同的任务。FPGA 的实现流程和 ASIC 芯片的前端设计相似,有利于导入芯片的后端设计。

3）FPGA 在其他领域的应用

除了上面一些领域,FPGA 在其他领域同样具有广泛的应用。

①汽车电子领域,如网关控制器、车用 PC 机、远程信息处理系统等。

②军事领域,如安全通信、雷达和声呐、电子战等。

③测试和测量领域,如通信测试和监测、半导体自动测试设备、通用仪表等。

④消费产品领域,如显示器、投影仪、数字电视和机顶盒、家庭网络等。

⑤医疗领域,如生命科学等。

1.1.3 Xilinx FPGA 板卡——Nexys4-DDR

Nexys4-DDR 板卡是美国 Digilent(迪芝伦)公司设计的一款 FPGA 板卡,如图 1.1 所示。它采用了 Xilinx Artix-7 FPGA 芯片,是一款简单易用的数字电路开发平台,可以支持在课堂环境中设计一些行业应用。大规模、高容量的 FPGA,海量的外部存储,各种 USB,以太网以及其他接口,这些都能让 Nexys4-DDR 满足从入门级组合逻辑电路到强大的嵌入式系统的设计。同时,板上集成的加速度、温度传感器、MEMs 数字麦克风、扬声器、放大器以及大量的 I/O 设备,也能让 Nexys4-DDR 不需要增添额外组件而用于各种各样的设计。

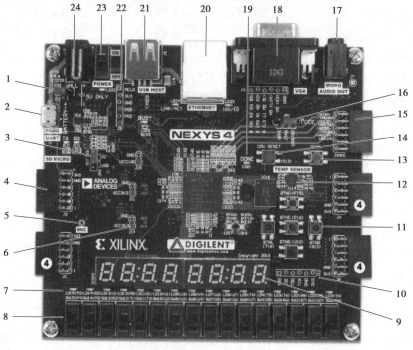

▲图 1.1 Nexys4-DDR 板卡

1）产品规格

Nexys4-DDR 板卡采用了 Xilinx Artix-7 100T FPGA 芯片,板卡具体各部件描述见表 1.1,部分引脚分配见表 1.2、表 1.3。Artix-7 FPGA 针对高性能逻辑进行过优化,它比之前的 FPGA 提供了更大的容量,性能更强且资源更多。对于 Nexys 4 而言,其规模相当于上一代 Nexys 3 的 6 倍,相当于经典的 Spartan 3E Starter Kit 的 9 倍。

表 1.1　Nexys4-DDR 各部件描述

序　号	描　　述	序　号	描　　述
1	选择供电跳线	13	FPGA 配置复位按键
2	UART/JTAG 共用 USB 接口	14	CPU 复位按键（用于软核）
3	外部配置跳线柱（SD/USB）	15	模拟信号 Pmod 端口（XADC）
4	Pmod 端口	16	编程模式跳线柱
5	传声器	17	音频连接口
6	电源测试点	18	VGA 连接口
7	16 个 LED	19	FPGA 编程完成 LED
8	16 个拨键开关	20	以太网连接口
9	8 位 7 段数码管	21	USB 连接口
10	可选用于外部接线的 JTAG 端口	22	（工业用）PIC24 编程端口
11	5 个按键开关	23	电源开关
12	板载温度传感器	24	电源接口

表 1.2　Nexys4-DDR 引脚分配表 1

LED	PIN	CLOCK	PIN	SWITCH	PIN	BUTTON	PIN	Seven-segment digital tube	PIN
LD0	H17			SW0	J15	BTNU	M18	AN0	J17
LD1	K15			SW1	L16	BTNR	M17	AN1	J18
LD2	J13			SW2	M13	BTND	P18	AN2	T9
LD3	N14			SW3	R15	BTNL	P17	AN3	J14
LD4	R18			SW4	R17	BTNC	N17	CA	T10
LD5	V17			SW5	T18			CB	R10
LD6	U17			SW6	U18			CC	K16
LD7	U16			SW7	R13			CD	K13
LD8	V16			SW8	T8			CE	P15
LD9	T15	PS2_CLK	F4	SW9	U8			CF	T11

续表

LED	PIN	CLOCK	PIN	SWITCH	PIN	BUTTON	PIN	Seven-segment digital tube	PIN
LD10	U14	PS2_DAT	B2	SW10	R16			CG	L18
LD11	T16	CLK100 MHz	E3	SW11	T13			DP	H15
LD12	V15			SW12	H6			AN4	P14
LD13	V14			SW13	U12			AN5	T14
LD14	V12			SW14	U11			AN6	K2
LD15	V11			SW15	V10			AN7	U13

表 1.3　Nexys4-DDR 引脚分配表 2

VGA	PIN	JA	PIN	JB	PIN	JC	PIN	JD	PIN
RED0	A3	JA1	C17	JB1	D14	JC1	K1	JD1	H4
RED1	B4	JA2	D18	JB2	F16	JC2	F6	JD2	H1
RED2	C6	JA3	E18	JB3	G16	JC3	J2	JD3	G1
RED3	A4	JA4	G17	JB4	H14	JC4	G6	JD4	G3
GRN0	C6	JA7	D18	JB7	E16	JC7	E7	JD7	H2
GRN1	A5	JA8	E17	JB8	F13	JC8	J3	JD8	G4
GRN2	B6	JA9	F18	JB9	G13	JC9	J4	JD9	G2
GRN3	A6	JA10	G18	JB10	H16	JC10	E6	JD10	F3
BLU0	B7								
BLU1	C7								
BLU2	D7								
BLU3	D8								
HSYNC	B11								
YSYNC	B12								

2）关键特性

①15 850 slices,每个包含 4 个 6-输入 LUTs 及 8 个 flip-flops。

②4 860 kbit/s 的高速 block RAM。

③6 个时钟管理模块(CMT),每个包含 1 个混合模式时钟管理器(MMCM)及一个锁相环(PLL)。

④500 MHz+时钟。

外围设备:

⑤16 个拨码开关。

⑥16 个 LED。

⑦2 个 4 位 7 段数码管。

⑧USB-UART 接口。

⑨2 个 3 色 LED。

⑩1 个 micro SD 卡槽。

⑪12 位 VGA 输出。

⑫1 个单声道 PWM 音频输出。

⑬1 个 PDM 麦克风。

⑭1 个 3 轴加速度计。

⑮1 个温度传感器。

⑯10/100 Mbit/s 以太网 PHY。

⑰128 MB DDR2。

⑱串行 Flash 存储器。

⑲4 个 Pmod 接口。

⑳1 个 XADC 模拟信号数字化 Pmod 端口。

㉑Digilent USB-JTAG 接口,用于 FPGA 编程,也可以进行通信。

㉒1 个 USB HID Host 接口,可以接鼠标、键盘和 U 盘。

1.2　Vivado 简介及 FPGA 设计流程

1.2.1　Vivado 简介

Vivado 设计套件,是 FPGA 厂商赛灵思公司 2012 年发布的集成设计环境,包括高度集成的设计环境和新一代从系统到 IC 级的工具,这些均建立在共享的可扩展数据模型和通用调试环境基础上。这也是一个基于 AMBA AXI4 互联规范、IP-XACT IP 封装元数据、工具命令语言(TCL)、Synopsys 系统约束(SDC)以及其他有助于根据客户需求量身定制设计流程并符合业界标准的开放式环境。赛灵思构建的 Vivado 工具把各类可编程技术结合在一起,能够扩展多达 1 亿个等效 ASIC 门的设计。Vivado 具有两个特点,一是专注于集成的组件,二是专注于实现的组件。

为了解决集成的瓶颈,Vivado 设计套件采用了用于快速综合和验证 C 语言算法 IP 的 ESL 设计,实现了重用的标准算法和 RTL IP 封装技术,以及实现了标准 IP 封装和各类系统构建模块的系统集成,模块和系统验证的仿真速度提高了 3 倍,与此同时,硬件协仿真性能提升了 100 倍。

为了解决实现的瓶颈,Vivado 工具采用层次化器件编辑器和布局规划器,速度提升了 3～15 倍,且为 SystemVerilog 提供了业界最好支持的逻辑综合工具,速度提升了 4 倍且确定性更高的布局布线引擎,以及通过分析技术可最小化时序、线长、路由拥堵等多个变量的"成本"函数。此外,增量式流程能让工程变更通知单(ECO)的任何修改只需对设计的一小部分进行重新实现就能快速处理,同时确保性能不受影响。最后,Vivado 工具通过利用最新共享的可扩展数据模型,能够估算设计流程各个阶段的功耗、时序和占用面积,从而达到预先分析,进而优化自动化时钟门等集成功能。

1.2.2　FPGA 设计流程

图 1.2 给出了 Vivado 系统级设计流程,除了传统寄存器传输级(RTL)到比特流的 FPGA 设计流程,Vivado 设计套件还提供了系统级的设计集成流程,这个新的系统级设计的中心思想是基于知识产权(Intellectual Property,IP)核的设计。

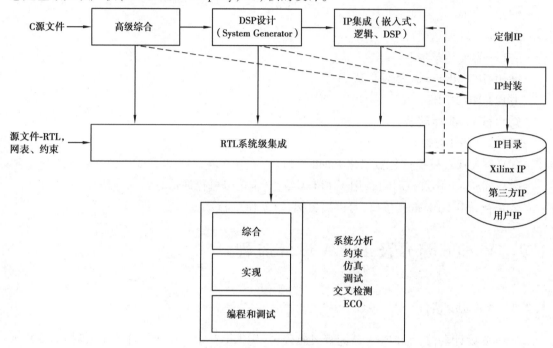

▲图 1.2　Vivado 系统级设计流程

从图中可以看出:

①Vivado 设计套件提供了一个环境,用于配置、实现、验证和集成 IP。

②通过 Vivado 提供的 IP 目录,就可以快速地对 Xilinx IP、第三方 IP 和用户 IP 进行例化和配置。IP 的范围包括逻辑、嵌入式处理器、数字信号处理(DSP)模块或者基于 C 的 DSP 算法设计。一方面,将用户 IP 进行封装,并且使封装的 IP 复合 IP-XACT 协议。这样,就可以在 Vivado IP 目录中使用它。另一方面,Xilinx IP 利用 AXI4 互联标准,可实现更快速的系统级集成。在设计中,可以通过 RTL 或者网表格式使用这些已经存在的 IP。

③可以在设计流程的任意一个阶段对设计进行分析和验证。

④对设计进行分析,包括逻辑仿真、I/O 和时钟规划、功耗分析、时序分析、设计规则检查(DRC)、设计逻辑的可视化、实现结果的分析和修改,以及编程和调试。

⑤设计者通过 AMBA AXI4 互连协议、Vivado IP 集成器环境将不同的 IP 组合在一起。设计者可以使用块风格的接口交互式地配置和连接 IP,并且可以像原理图那样,通过绘制 DRC 正确的连接,很容易将整个接口连接在一起。然后将这些 IP 块设计进行封装,并将其当作

单个的设计源。此外,还可以在一个设计工程或者在多个工程之间进行共享,从而使用设计块。

⑥Vivado IP 集成器环境是主要的接口,通过使用 Zynq 器件或者 MicroBlaze 处理器,创建嵌入式处理器设计。Vivado 设计套件也集成了传统的 XPS,用于创建、配置和管理 MicroBlaze 微处理器核。在 Vivado IDE 环境中,集成和管理这些核。如果设计者选择编辑 XPS 的源设计,将自动启动 XPS 工具。设计者也可以将 XPS 作为一个单独的工具运行,然后将最终的输出文件作为 Vivado IDE 环境下的源文件。在 Vivado IDE 中,XPS 不能用于 Zynq 器件。取而代之的是,在 Vivado IDE 环境中,使用新的 IP 集成器环境。

⑦对于数字信号处理方面的应用,Vivado 提供了两种设计方法。

a. 使用 Xilinx System Generator 建模数字信号处理。

Vivado 设计套件集成了 Xilinx System Generator 工具,用于实现 DSP 的功能。当设计者编辑一个 DSP 源设计时,自动启动 System Generator。设计者可以使用 System Generator 作为一个独立运行的工具,然后将其最终的输出文件作为 Vivado IDE 的源文件。

b. 使用高级综合工具(High-Level-Synthesis, HLS)建模数字信号处理。

Vivado 设计套件集成了 Vivado HLS,提供了基于 C 语言的 DSP 功能。来自 Vivado HLS 的 RTL 输出,作为 Vivado IDE 的 RTL 源文件。在 Vivado IP 封装器中,将 RTL 的输出封装成 IP-XACT 标准的 IP,在 Vivado IP 目录中变成可用。设计者也可以在 System Generator 逻辑中使用 Vivado HLS 逻辑模块。

⑧Vivado 设计套件中包含 Vivado 综合、Vivado 实现、Vivado 时序分析、Vivado 功耗分析和比特流生成。通过使用下面的方式之一:

a. Vivado IDE。

b. 批处理 Tcl 脚本。

c. 在 Vivado 设计套件的 Tcl Shell。

d. Vivado IDE Tcl 控制台下,输入 Tcl 命令。

设计者可以运行整个设计流程。

⑨设计者可以创建多个运行,用不同的综合选项、实现选项、时序约束、物理约束、设置配置进行试验。这样,可以帮助设计者改善设计结果。

⑩Vivado 集成开发环境提供了 I/O 引脚规划环境,使 I/O 端口分配到指定的封装引脚上,或者分配到内部晶圆的焊盘上。通过使用 Vivado 引脚规划器内的视图和表格,设计者可以分析器件和设计相关的 I/O 数据。

Vivado IDE 提供了高级的布局规划能力,用于帮助改善实现的结果。将一个指定的逻辑,强迫放到某个芯片内的某个特殊的区域,即为了后面的运行,通过交互的方式,锁定到指定的位置或者布线。

⑪Vivado IDE 使设计者可以对设计处理的每个阶段进行分析、验证和修改。通过对处理过程中所生成的过渡结果进行分析,设计者可以提高电路的性能。在表示成 RTL 后、综合后和实现后,可以运行分析。

Vivado 集成了 Vivado 仿真器,使设计者可以在设计的每个阶段,运行行为级和结构级的逻辑仿真。仿真器支持 Verilog 和 VHDL 混合模式仿真,并且以波形的形式显示结果。设计者也可以使用第三方的仿真器。

⑫当执行实现过程后,对器件进行编程,然后在 Vivado lab 工具环境中对设计进行分析。在 RTL 内或者在综合之后,很容易识别调试信号。在 RTL 或者综合网表中,插入和配置调试核。Vivado 逻辑分析仪可以进行硬件验证,将接口设计成与 Vivado 仿真器的一致,两者共享波形视图。

下面通过在 Vivado 上设计几个逻辑门来说明 FPGA 的设计流程,了解 Vivado 设计流程,熟悉 Nexys4-DDR 的外设接口及设置。

设计内容如下:

①创建一个新的 Vivado 工程项目。

②编写逻辑门的 Verilog 源文件。

③建立仿真。

④添加引脚约束文件。

⑤编写 testbench 进行激励仿真测试。

⑥添加时序约束。

⑦在 Nexys4-DDR FPGA 开发板上运行实验设计。

设计步骤如下。

(1)创建新的工程项目

①双击桌面图标打开 Vivado 2017.4,如图 1.3 所示。

②单击"Creat New Project",如图 1.4 所示。

▲图 1.3　打开 Vivado 2017.4

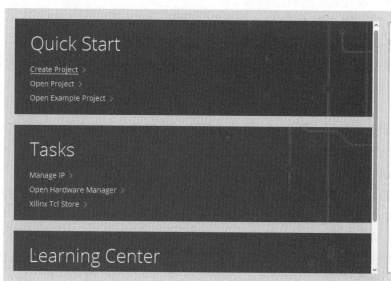

▲图 1.4　单击"Creat New Project"

③将新的工程项目命名为"gates",并设置保存路径(路径不能有中文),单击"Next",如图 1.5 所示。

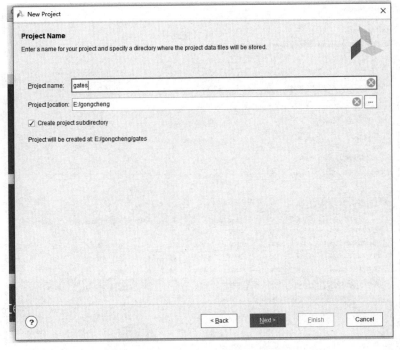

▲图 1.5　命名并设置保存路径

④新建一个 RTL 工程,勾选"Do not specify sources at this time",先不添加源文件,单击"Next"继续,如图 1.6 所示。

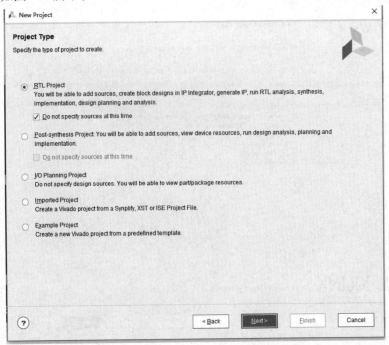

▲图 1.6　新建一个 RTL 工程

⑤单击"Parts","Family"选择"Artix-7","Package"选择"csg324","Speed grade"选择"−1",找到"xc7a100tcsg324-1"并选择后,单击"Next"继续,如图 1.7 所示。

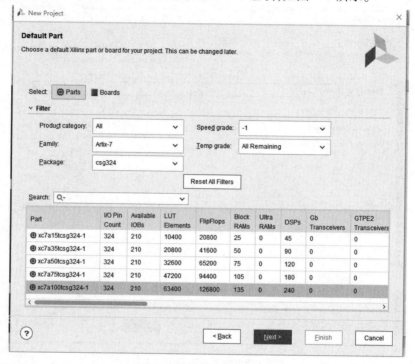

▲图 1.7　器件选型

⑥确认相关信息无误后单击"Finish"完成工程项目的创建,如图 1.8 所示。

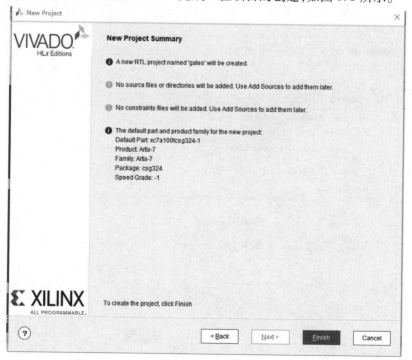

▲图 1.8　确认信息

（2）添加源文件

①完成工程创建后会弹出如图 1.9 所示的界面，在"Flow Navigator"中展开"PROJECT MANAGER"，单击"Add Sources"添加源文件。

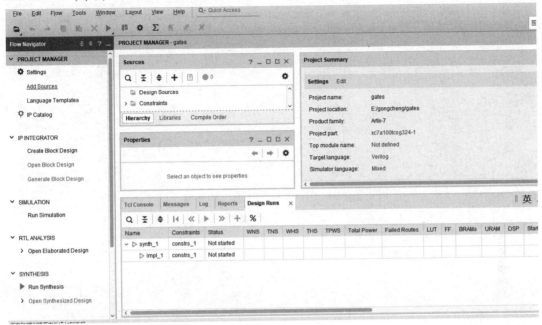

▲图1.9　工程管理

②选择 Add or create design sources，单击"Next"，如图 1.10 所示。

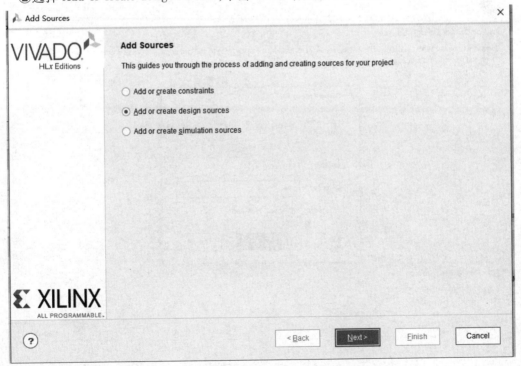

▲图1.10　添加源文件

③单击"Create File",如图1.11所示。

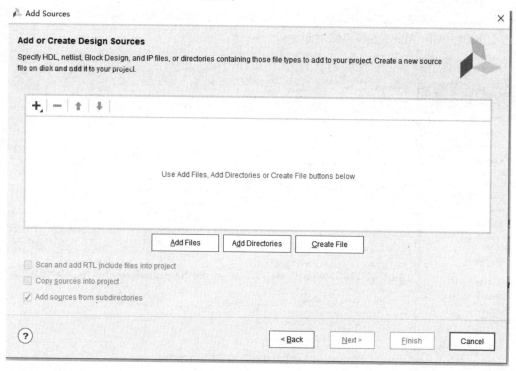

▲图1.11 生成文件

④在弹出的窗口中输入文件名"gate",单击"OK",如图1.12所示。

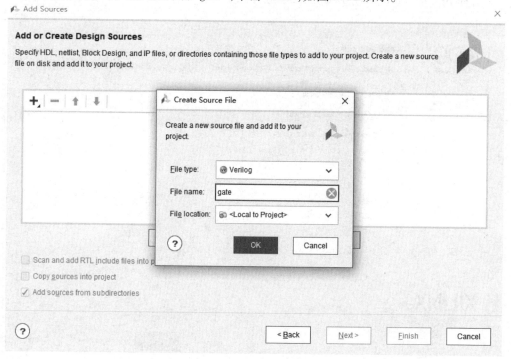

▲图1.12 输入文件名

⑤新的源文件已经被添加到列表中,单击"Finish"完成添加,如图 1.13 所示。

▲图 1.13　完成添加

⑥在弹出的窗口中创建模块的输入/输出端口,这里不填写,直接在稍后的程序里完成输入/输出端口的创建,直接选择"OK",如图 1.14 所示。

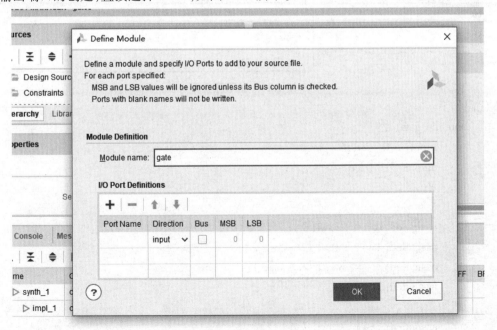

▲图 1.14　创建端口

⑦在"Sources"中展开"Design Sources(1)",双击"gate(gate.v)"文件,如图 1.15 所示。

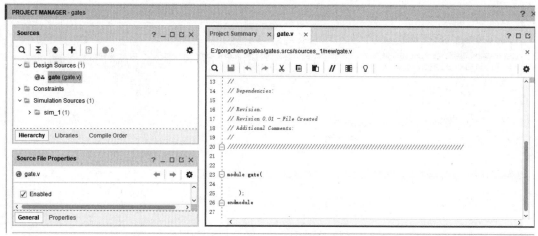

▲图 1.15　打开源文件

⑧在代码编写窗口完成源文件设计,如图 1.16 所示。

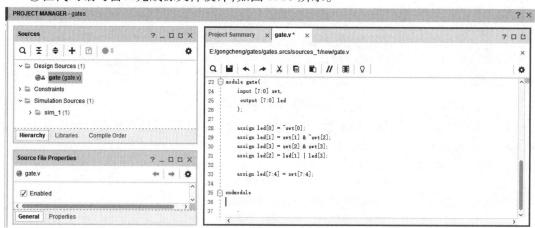

▲图 1.16　编写源文件

代码如下:

```
module gate(
    input[7:0] swt,
    output[7:0] led
    );


    assignled[0] = ~swt[0];
    assignled[1] = swt[1]& ~swt[2];
    assignled[3] = swt[2]& swt[3];
    assignled[2] = led[1]|led[3];


    assignled[7:4] = swt[7:4];


endmodule
```

输入完成后按"Ctrl+S"保存。

（3）添加约束文件

①在 Project Manager 中单击"Add Sources"，选择第一项"Add or create constraints"，单击"Next"继续，如图 1.17 所示。

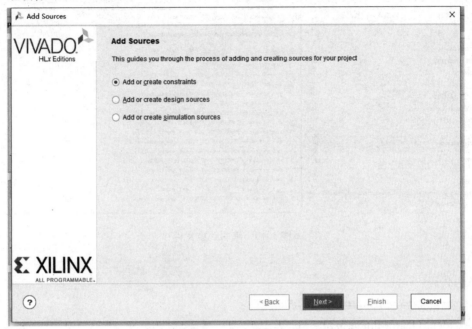

▲图 1.17　添加约束文件

②单击"Create Constraints File"，在弹出窗口中输入文件名"pins. xdc"，单击"OK"完成新建约束文件，如图 1.18 所示。

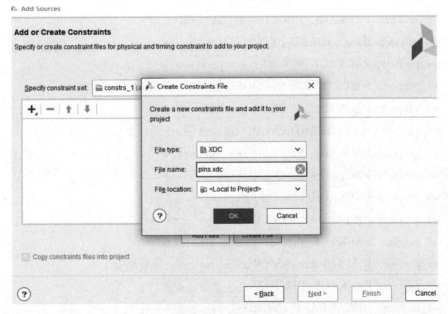

▲图 1.18　输入文件名

③单击"Finish"完成约束文件创建。

④在"Sources"窗口中展开"Constraints（1）"，双击"pins. xdc"文件开始编辑，输入相应的 Nexys4-DDR FPGA 引脚信息和电平标准，如图 1.19 所示。

▲图 1.19　编辑约束文件

参考代码：

```
###########################
# On-board SlideSwitches    #
###########################
set_property PACKAGE_PIN J15[get_ports swt[0]]
set_property IOSTANDARD LVCMOS33[get_ports swt[0]]
set_property PACKAGE_PIN L16[get_ports swt[1]]
set_property IOSTANDARD LVCMOS33[get_ports swt[1]]
set_property PACKAGE_PIN M13[get_ports swt[2]]
set_property IOSTANDARD LVCMOS33[get_ports swt[2]]
set_property PACKAGE_PIN R15[get_ports swt[3]]
set_property IOSTANDARD LVCMOS33[get_ports swt[3]]
set_property PACKAGE_PIN R17[get_ports swt[4]]
set_property IOSTANDARD LVCMOS33[get_ports swt[4]]
set_property PACKAGE_PIN T18[get_ports swt[5]]
set_property IOSTANDARD LVCMOS33[get_ports swt[5]]
set_property PACKAGE_PIN U18[get_ports swt[6]]
set_property IOSTANDARD LVCMOS33[get_ports swt[6]]
set_property PACKAGE_PIN R13[get_ports swt[7]]
set_property IOSTANDARD LVCMOS33[get_ports swt[7]]
```

```
############################
# On-board led              #
############################
set_property PACKAGE_PIN H17[get_ports led[0]]
set_property IOSTANDARD LVCMOS33[get_ports led[0]]
set_property PACKAGE_PIN K15[get_ports led[1]]
set_property IOSTANDARD LVCMOS33[get_ports led[1]]
set_property PACKAGE_PIN J13[get_ports led[2]]
set_property IOSTANDARD LVCMOS33[get_ports led[2]]
set_property PACKAGE_PIN N14[get_ports led[3]]
set_property IOSTANDARD LVCMOS33[get_ports led[3]]
set_property PACKAGE_PIN R18[get_ports led[4]]
set_property IOSTANDARD LVCMOS33[get_ports led[4]]
set_property PACKAGE_PIN V17[get_ports led[5]]
set_property IOSTANDARD LVCMOS33[get_ports led[5]]
set_property PACKAGE_PIN U17[get_ports led[6]]
set_property IOSTANDARD LVCMOS33[get_ports led[6]]
set_property PACKAGE_PIN U16[get_ports led[7]]
set_property IOSTANDARD LVCMOS33[get_ports led[7]]
```

（4）利用 Vivado 进行功能仿真

①创建测试平台（testbench）文件，单击"Add Sources"，选择"Add or create simulation sources"，单击"Next"继续，如图 1.20 所示。

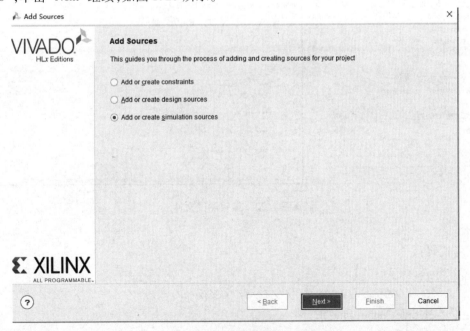

▲图 1.20　添加测试文件

②单击"Create Source File",将测试文件命名为"gate_tb",单击"OK"后再单击"Finish"完成测试文件的创建,如图1.21所示。

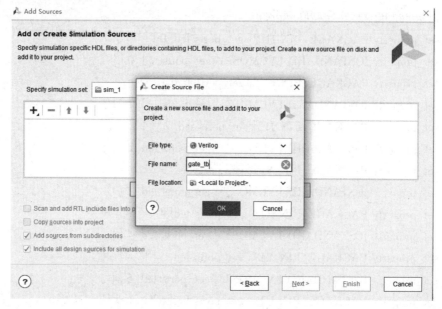

▲图1.21 输入测试文件名

③在弹出的输入/输出端口设置的窗口中设置为空,直接单击"OK"。

④在"Sources"一栏中展开"Simulation Sources(1)",展开"sim_1(1)"文件夹,双击打开"gate_tb.v(1)"文件开始编辑,如图1.22所示。

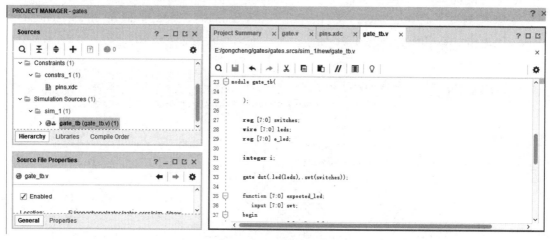

▲图1.22 编辑测试文件

参考代码:

'timescale 1ns / 1ps
///
// Module Name:gate_tb
///

```verilog
module gate_tb(

    );

    reg[7:0] switches;
    wire[7:0]leds;
    reg[7:0] e_led;

    integer i;

    gate dut(.led(leds),.swt(switches));

    function[7:0] expected_led;
        input[7:0] swt;
    begin
        expected_led[0] = ~swt[0];
        expected_led[1] = swt[1]& ~swt[2];
        expected_led[3] = swt[2]& swt[3];
        expected_led[2] = expected_led[1]| expected_led[3];
        expected_led[7:4] = swt[7:4];
    end
    endfunction

    initial
    begin
        for (i = 0; i < 255; i = i+2)
        begin
            #50 switches = i;
            #10 e_led = expected_led(switches);
            if(leds==e_led)
                $display("LED output matched at", $time);
            else
                $display("LED output mis-matched at ", $time,": expected: %b,
actual: %b", e_led, leds);
        end
    end

    endmodule
```

⑤在"Flow Navigator"中,展开"SIMULATION",单击"Run Simulation",选择"Run Behavioral Simulation",如图 1.23 所示。

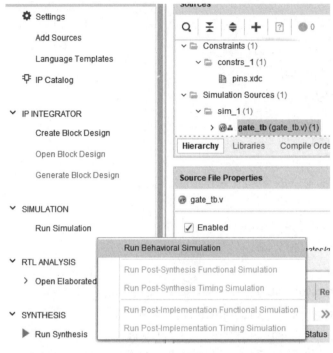

▲图 1.23　运行仿真

⑥得到的仿真结果如图 1.24 所示。可通过选择工具栏中的复位波形(即清空现有波形)、运行仿真、运行特定时长的仿真、仿真时长设置、仿真时长单位、单步运行、暂停选项进行波形的仿真时间控制,如图 1.25 所示。

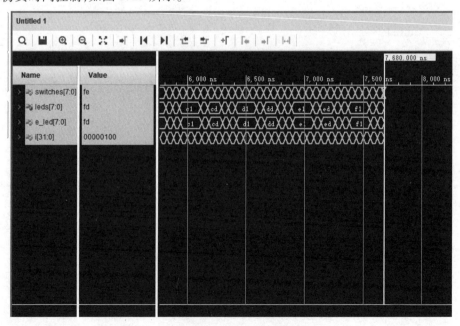

▲图 1.24　仿真结果

▲图 1.25　工具栏

得到的仿真结果显示和代码一致。

（5）工程实现

①在"Flow Navigator"中，展开"SYNTHESIS"，单击"Run Synthesis"对工程进行综合，如图 1.26 所示。

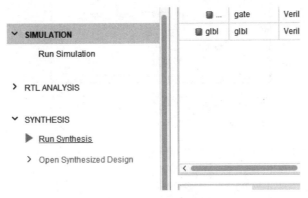

▲图 1.26　运行综合

综合的目的是把 RTL 级转换为门级。

②综合结束后，在弹出的窗口中单击"Run Implementation"进行实现。实现的目的是对板卡进行布局布线。

③实现结束后，在弹出的窗口中单击"Generate Bitstream"生成比特流文件。

④生成比特流文件后，选择"Open Hardware Manager"打开硬件管理器，如图 1.27 所示。

⑤在左侧"Flow Manager"的"PROGRAM AND DEBUG"中选择"Open Target"，选择"Auto Connect"，如图 1.28 所示。

▲图 1.27　打开硬件管理器

▲图 1.28　连接器件

⑥接着能在 Hardware 窗口看到 Vivado 已经能检测到 Nexys 4-DDR JTAG 扫描链上的

Artix-7 100T FPGA,单击"Program device",在弹出菜单中单击"xc7a100t_0(1)",如图 1.29 所示。

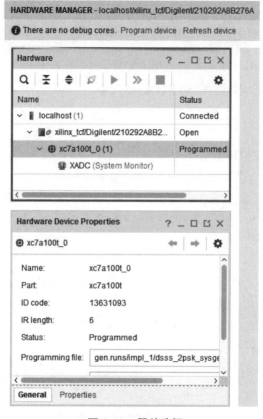

▲图 1.29 器件选择

⑦单击"Program"按钮,将比特流文件下载到板卡里,就可以在板卡上验证了,如图 1.30 所示。

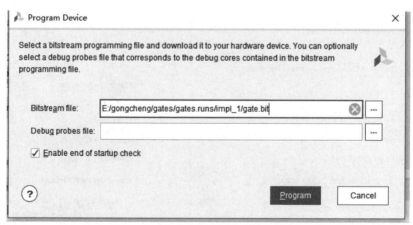

▲图 1.30 选择编程文件

⑧最后在板卡上显示如图 1.31 所示,以 0000_0000(即拨码开关全部为低电平)为例,可以看到对应的 led0 为 1(高电平),正确。依次可以验证程序中的其他部分的正确性,此处不再举例。

▲图 1.31 结果显示

1.3 基于 Xilinx FPGA 开发板的组合电路设计

1）实验目的

以 LED 流水灯设计为例了解组合电路设计。

2）实验内容

①创建一个新的 Vivado 工程项目。

②编写 LED 流水灯的 Verilog 源文件。

③建立仿真。

④添加引脚约束文件。

⑤编写 testbench 进行激励仿真测试。

⑥添加时序约束。

⑦在 Nexys4-DDR FPGA 开发板上运行实验设计。

3）实验步骤

（1）创建新的工程项目

①双击桌面图标打开"Vivado 2017.4"，或者选择"开始"→"所有程序"→"Xilinx Design Tools"→"Vivado 2017.4"，如图 1.32 所示。

②单击"Create Project"，或者单击"File"→"New Project"创建工程文件，如图 1.33 所示。

③弹出工程导向窗口，单击"Next"继续，如图 1.34 所示。

▲图 1.32 打开 "Vivado 2017.4"

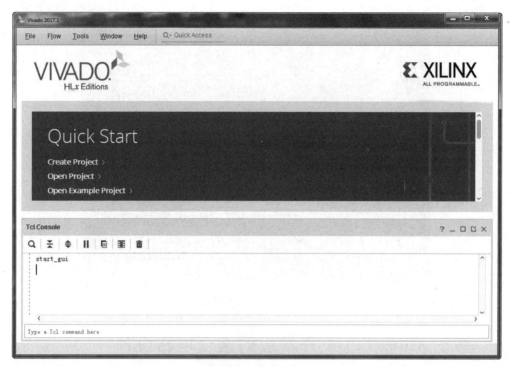

▲图 1.33　创建工程文件

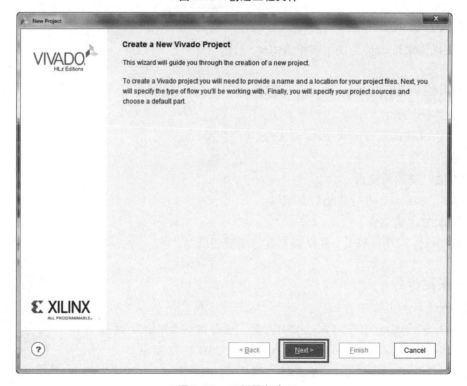

▲图 1.34　工程导向窗口

④将新的工程项目命名为"flow_led"，勾选创建工程子文件夹，单击"Next"继续，如图 1.35 所示。

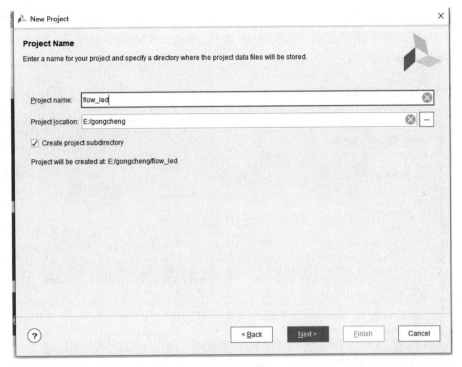

▲图 1.35 命名

⑤新建一个 RTL 工程,勾选"Do not specify sources at this time",先不添加源文件,单击"Next"继续,如图 1.36 所示。

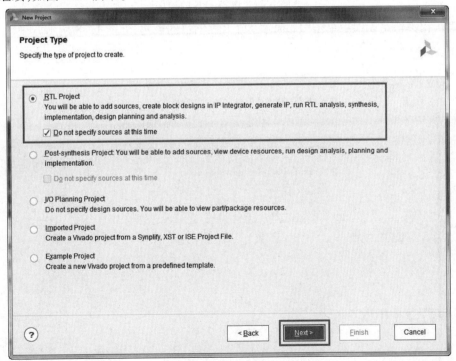

▲图 1.36 新建 RTL 工程

⑥单击"Parts","Family"选择"Artix-7","Package"选择"csg324","Speed grade"选择"−1",找到"xc7a100tcsg324-1"并选择后,单击"Next"继续,如图 1.37 所示。

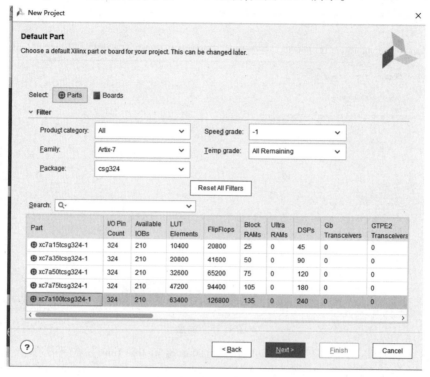

▲图 1.37　选择 FPGA 器件

⑦确认相关信息无误后单击"Finish"完成工程项目的创建,如图 1.38 所示。

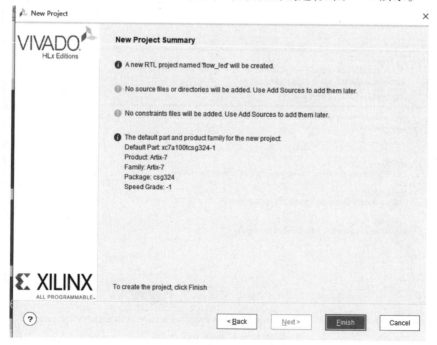

▲图 1.38　完成工程项目创建

（2）添加源文件

①完成工程创建后会弹出如图 1.39 所示的界面，在"Flow Navigator"中展开"PROJECT MANAGER"，单击"Add Sources"添加源文件。

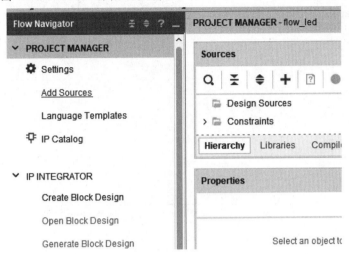

▲图 1.39 展开工程管理器

②选择"Add or create design sources"，单击"Next"继续，如图 1.40 所示。

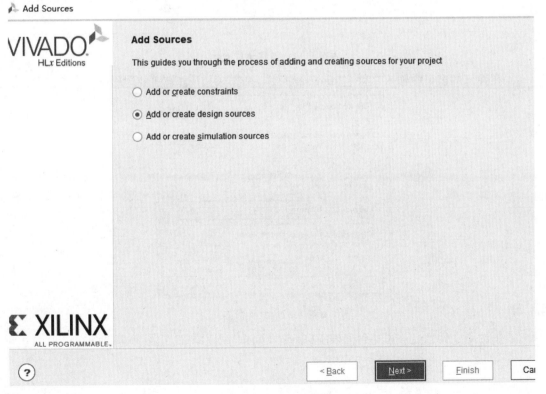

▲图 1.40 源文件添加

③单击"Create File"或者单击"+"号,选择"Create File",如图 1.41 所示。

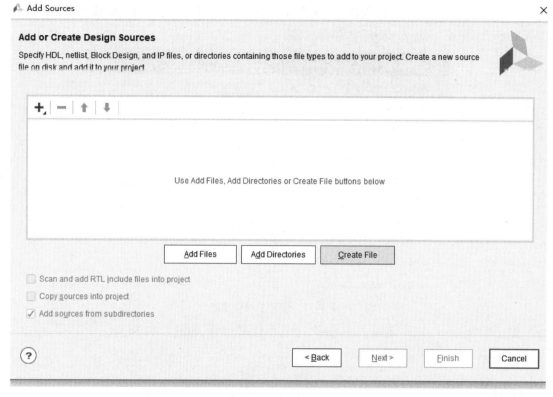

▲图 1.41　选择生成文件

④在弹出的窗口中输入文件名"flowing_led",单击"OK",如图 1.42 所示。

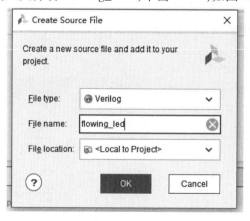

▲图 1.42　文件命名

⑤新的源文件已经被添加到列表中,单击"Finish"完成添加,如图 1.43 所示。

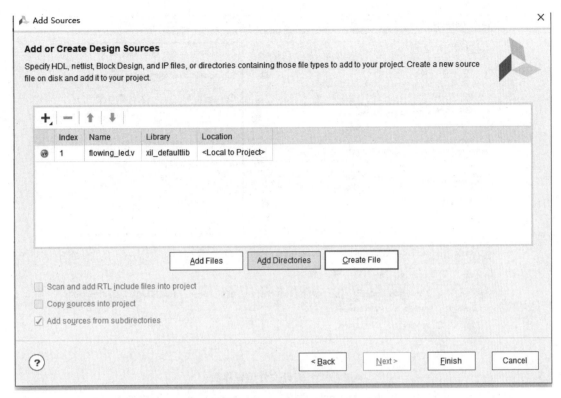

▲图 1.43　完成文件添加

⑥在弹出的窗口中定义模块的输入/输出端口,单击"OK"继续,如图 1.44 所示。

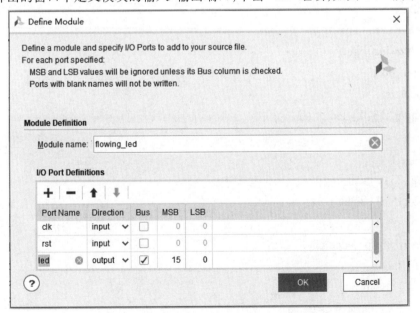

▲图 1.44　端口定义

⑦在"Sources"中展开"Design Sources",双击"flowing_led"打开"flowing_led. v"文件,如图 1.45 所示。

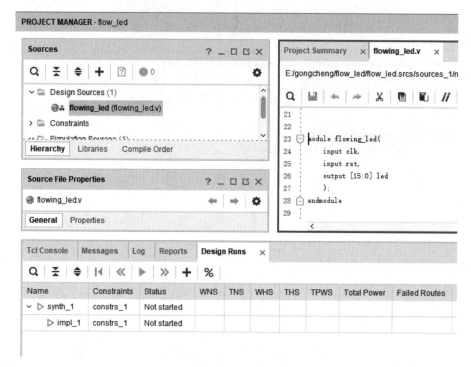

▲图 1.45　打开文件编辑界面

⑧在"flowing_led. v"文件中已经定义好了输入/输出端口,接下来需要完成模块的功能设计,在文件中输入如下相应的代码。

参考代码:

```
' timescale 1ns / 1ps
module flowing_light(
    input clk,
    input rst,
    output[15:0] led
);

    reg[23:0] cnt_reg;
    reg[15:0] light_reg;

    always@ ( posedge clk)
        begin
            if( rst)
            cnt_reg<=0;
            else
            cnt_reg<=cnt_reg+1;
        end
```

```
        always@（posedge clk）
            begin
                if（rst）
                light_reg<=16' h0001；
                else if（cnt_reg==24' hffffff）
                begin
                    if（light_reg==16' h8000）
                        light_reg<=16' h0001；
                    else
                        light_reg<=light_reg<<1；
                end
            end
        assign led = light_reg；


endmodule
```

输入完成后按"Ctrl+S"保存。

（3）添加约束文件

①在"Project Manager"中单击"Add Sources"，选择第一项"Add or create constraints"，单击"Next"继续，如图 1.46 所示。

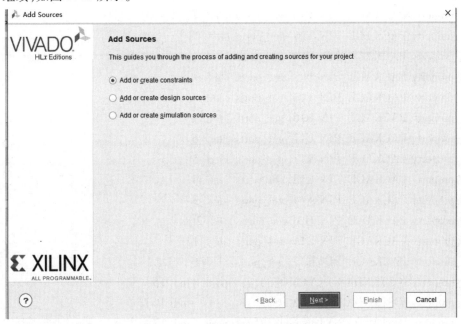

▲图 1.46　添加或生成约束文件

②单击"Create Constraints File"，在弹出的窗口中输入文件名"top_xdc"，单击"OK"完成新建约束文件，如图 1.47 所示。

③单击"Finish"完成约束文件创建。

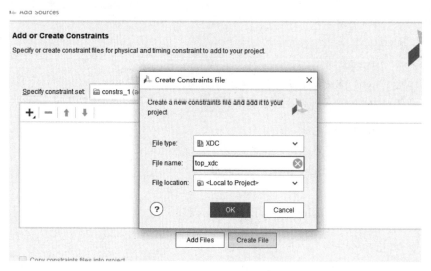

▲图 1.47　输入约束文件名

④在 Sources 窗口中展开"Constraints",双击"top_xdc. xdc"文件开始编辑,输入相应的 Nexys4-DDR FPGA 引脚信息和电平标准,具体如下。

参考代码:

```
set_property PACKAGE_PIN V11 [get_ports {led[15]}]
set_property PACKAGE_PIN V12 [get_ports {led[14]}]
set_property PACKAGE_PIN V14 [get_ports {led[13]}]
set_property PACKAGE_PIN V15 [get_ports {led[12]}]
set_property PACKAGE_PIN T16 [get_ports {led[11]}]
set_property PACKAGE_PIN U14 [get_ports {led[10]}]
set_property PACKAGE_PIN T15 [get_ports {led[9]}]
set_property PACKAGE_PIN V16 [get_ports {led[8]}]
set_property PACKAGE_PIN U16 [get_ports {led[7]}]
set_property PACKAGE_PIN U17 [get_ports {led[6]}]
set_property PACKAGE_PIN V17 [get_ports {led[5]}]
set_property PACKAGE_PIN R18 [get_ports {led[4]}]
set_property PACKAGE_PIN N14 [get_ports {led[3]}]
set_property PACKAGE_PIN J13 [get_ports {led[2]}]
set_property PACKAGE_PIN K15 [get_ports {led[1]}]
set_property PACKAGE_PIN H17 [get_ports {led[0]}]
set_property IOSTANDARD LVCMOS33 [get_ports {led[15]}]
set_property IOSTANDARD LVCMOS33 [get_ports {led[14]}]
set_property IOSTANDARD LVCMOS33 [get_ports {led[13]}]
set_property IOSTANDARD LVCMOS33 [get_ports {led[12]}]
set_property IOSTANDARD LVCMOS33 [get_ports {led[11]}]
set_property IOSTANDARD LVCMOS33 [get_ports {led[10]}]
set_property IOSTANDARD LVCMOS33 [get_ports {led[9]}]
```

set_property IOSTANDARD LVCMOS33 $[$ get_ports $\{$ led $[8]\}]$

set_property IOSTANDARD LVCMOS33 $[$ get_ports $\{$ led $[7]\}]$

set_property IOSTANDARD LVCMOS33 $[$ get_ports $\{$ led $[6]\}]$

set_property IOSTANDARD LVCMOS33 $[$ get_ports $\{$ led $[5]\}]$

set_property IOSTANDARD LVCMOS33 $[$ get_ports $\{$ led $[4]\}]$

set_property IOSTANDARD LVCMOS33 $[$ get_ports $\{$ led $[3]\}]$

set_property IOSTANDARD LVCMOS33 $[$ get_ports $\{$ led $[2]\}]$

set_property IOSTANDARD LVCMOS33 $[$ get_ports $\{$ led $[1]\}]$

set_property IOSTANDARD LVCMOS33 $[$ get_ports $\{$ led $[0]\}]$

set_property IOSTANDARD LVCMOS33 $[$ get_ports clk $]$

set_property IOSTANDARD LVCMOS33 $[$ get_ports rst $]$

set_property PACKAGE_PIN E3 $[$ get_ports clk $]$

set_property PACKAGE_PIN P18 $[$ get_ports rst $]$

（4）利用 Vivado 进行功能仿真

①创建测试平台（testbench）文件，单击"Add Sources"。选择"Add or create simulation sources"，单击"Next"继续。

②单击"Create File"，将测试文件命名为"flowing_led_tb.v"，单击"Finish"完成测试文件的创建。

③在弹出的输入输出端口设置的窗口中设置为空，直接单击"OK"。

④在"Sources"一栏中展开"Simulation Sources"，展开"sim_1"文件夹，双击打开"flowing_led_tb.v"文件开始编辑，如图 1.48 所示。

▲图 1.48　测试文件编辑

⑤编辑测试平台文件，参考代码如下：

' timescale 1ns / 1ps

module flowing_led_tb( ) ;

regclk ;

regrst ;

wire $[3:0]$ led ;

flowing_light flowing_led_tb(

. clk(clk) ,

```
. rst(rst),
. led(led));
parameter PERIOD = 10;

always begin
clk = 1'b0;
#(PERIOD/2)clk = 1'b1;
#(PERIOD/2);
end

initial begin
clk = 1'b0;
rst = 1'b0;
#100;
rst = 1'b1;
#100;
rst = 1'b0;
end
endmodule
```

在"Flow Navigator"中,展开"Simulation",单击"Run Simulation",选择"Run Behavioral Simulation"。

⑥可以通过左侧的"Scope"一栏中找到想要查看的模块的寄存器,在"Objects"一栏中右击选择"Add to Wave Window"添加需要查看的信号,如图 1.49 所示。

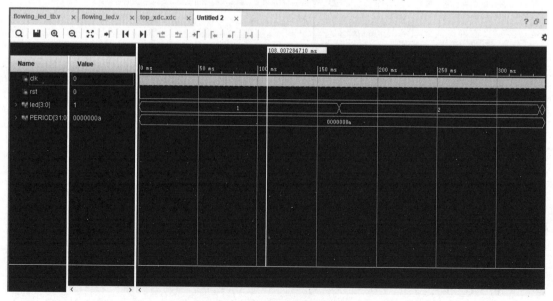

▲图 1.49　添加查看的信号

可通过选择工具栏中的复位波形(即清空现有波形)、运行仿真、运行特定时长的仿真、仿真时长设置、仿真时长单位、单步运行、暂停选项进行波形的仿真时间控制,如图 1.50 所示。

▲图 1.50　波形仿真控制工具栏

(5)工程实现

①在"Flow Navigator"中选择"Generate Bitstream"生成比特流文件。

②生成比特流文件后选择"Open Hardware Manager",单击"OK",如图 1.51 所示。

③将 Nexys4-DDR 用 USB 线和计算机连接起来,上电前请确认已经通过 JP3 跳线正确地配置了电源输入方式为 USB 或外接电源(WALL),以及通过 JP1 跳线正确地配置了 JTAG 下载方式,然后打开开关供电。

④在"HARDWARE MANAGER"中单击"Open Target",选择"Auto Connect"连接 Nexys4-DDR FPGA 开发板,如图 1.52 所示。

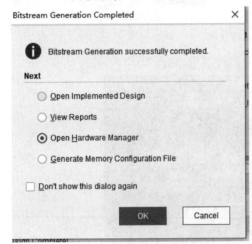

▲图 1.51　打开硬件管理器

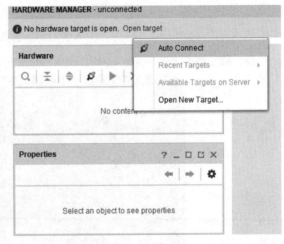

▲图 1.52　自动连接硬件

⑤在"Hardware"选项中看到,Nexys4-DDR FPGA 已经成功地连接到了计算机,单击"Program Device"将工程下载到 Nexys4-DDR 开发板上,如图 1.53 所示。

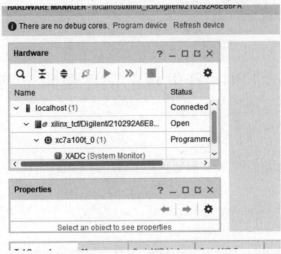

▲图 1.53　硬件编程连接成功

⑥选择需要下载的比特流文件,单击"Program"开始下载,如图 1.54 所示。

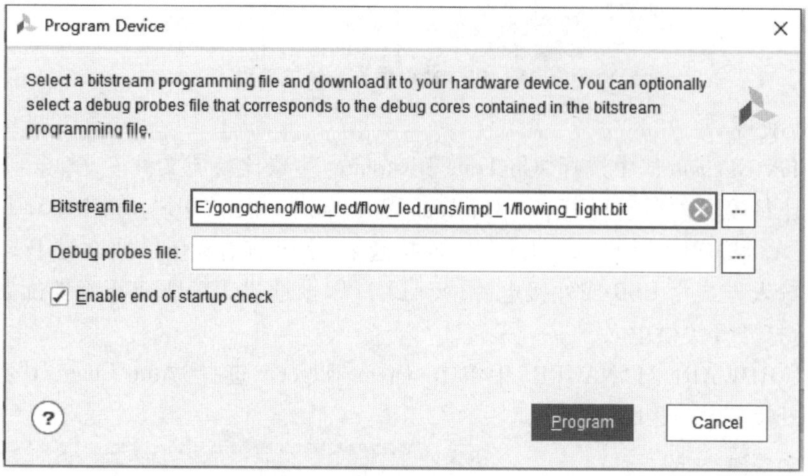

▲图 1.54 选择编程文件

⑦下载完成后,在 Nexys4-DDR FPGA 开发板上运行演示,如图 1.55 所示。

▲图 1.55 运行演示结果

1.4 基于 Xilinx FPGA 开发板的时序逻辑电路设计

1)实验目的

理解触发器和计数器的概念,掌握这些时序器件的 Verilog HDL 语言程序设计的方法。

2)实验内容

①在 Vivado 环境下进行时序仿真。

②完成下载,在实验板上对程序进行验证,必要时可用示波器对波形进行观察。

3）实验步骤

在各种复杂的数字电路中,不但需要对输入信号进行算术运算和逻辑运算,还经常需要将这些信号和运算结果保存起来。因此,需要使用具有记忆功能的基本逻辑单元,能够存储一位信号的基本单元电路就被称为触发器。根据电路结构形式和控制方式的不同,可以将触发器分为 D 触发器、JK 触发器、T 触发器等。这里只介绍常用的 D 触发器,其他类型触发器请有兴趣的同学自己实现。

在数字电路中,D 触发器是较为简单且较为常用的一种基本时序逻辑电路,也是构成数字电路系统的基础,大体可分为如下几类:基本的 D 触发器;同步复位的 D 触发器;异步复位的 D 触发器;同步置位/复位的 D 触发器;异步置位/复位的 D 触发器。

下面先分别介绍各个 D 触发器的具体工作原理,然后再介绍具体操作步骤。

①基本的 D 触发器。

在数字电路中,一个基本的上升沿 D 触发器的逻辑电路符号如图 1.56 所示,其功能表见表 1.4。

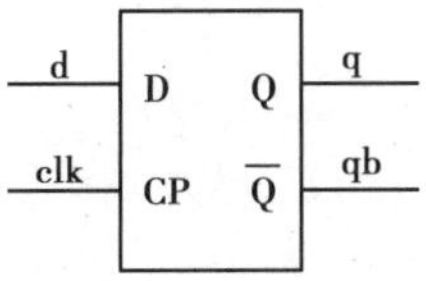

▲图 1.56　基本的 D 触发器的电路符号

表 1.4　基本的 D 触发器的功能表

D	CP	Q	$\overline{Q}$
×	0	保持	保持
×	1	保持	保持
0	上升沿	0	1
1	上升沿	1	0

根据上面的电路符号和功能表不难看出,一个基本的 D 触发器的工作原理为:当时钟信号的上升沿到来时,输入端口 D 的数据将传递给输出端口 Q 和输出端口 $\overline{Q}$。在此,输出端口 Q 和输出端口 $\overline{Q}$ 除反相之外,其他特性都是相同的。

下面给出具体操作步骤:

a. 利用向导,建立一个新项目,工程名为"expe3"。

b. 新建一个 Verilog HDL 文件,并输入如下源程序:

```
module    async_rddf(clk, d,q,qb);
input     clk, d;
output    q,qb;
reg       q,qb;
always    @ (posedge clk)
   begin
       q<=d;
       qb<= ~ d;
   end
endmodule
```

c. 对源程序进行语法检查和编译。

d. 进行时序仿真,代码如下:

```
module test;
// Inputs
reg clk;
reg d;
// Outputs
wire q;
wire qb;
// Instantiate the Unit Under Test (UUT)
async_rddf uut (
   . clk(clk),
   . d(d),
   . q(q),
   . qb(qb)
);
initial begin
   // Initialize Inputs
   clk = 0;
   d = 0;
   // Wait 100 ns for global reset to finish
   #100;
   // Add stimulus here
   end
   always #20 clk  =  ~ clk;
   always #30 d  =  ~ d;
endmodule
```

输入完成后单击左侧的"Run Simulation"进行仿真。仿真结果如图 1.57 所示。

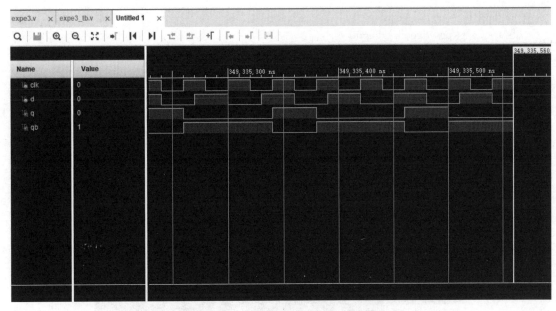

▲图 1.57　仿真结果(基本的 D 触发器)

②同步复位的 D 触发器。

在数字电路中,一种常见的带有同步复位控制端口的上升沿 D 触发器的逻辑电路符号如图 1.58 所示,它的功能表见表 1.5。不难看出,只有在时钟信号的上升沿到来并且复位控制端口的信号有效时,D 触发器才进行复位操作,即将输出端口 Q 的值置为逻辑 0,而把输出端口 $\overline{Q}$ 的值置为逻辑 1。

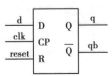

▲图 1.58　同步复位的 D 触发器的电路符号

表 1.5　同步复位的 D 触发器的功能表

R	D	CP	Q	$\overline{Q}$
0	×	上升沿	0	1
1	×	0	保持	保持
1	×	1	保持	保持
1	0	上升沿	0	1
1	1	上升沿	1	0

源程序如下:

```
module    sync_rddf(clk,reset,d,q,qb);
input     clk,reset,d;
output    q,qb;
```

```
reg q,qb;
always   @(posedgeclk) begin
    if(！reset) begin
        q<=0;
        qb<=1; end
    else begin
        q<=d;
        qb<= ~ d;
    end
    end
endmodule
```

仿真结果如图 1.59 所示。

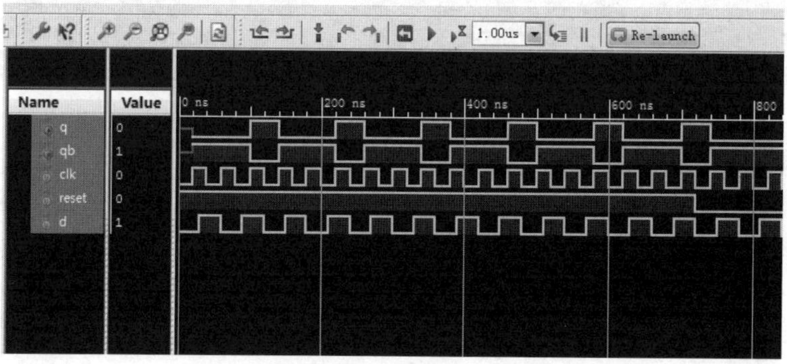

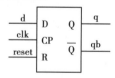

▲图 1.59　仿真结果（同步复位的 D 触发器）

仿真结果说明：

当复位信号 reset 为高时，同步复位的 D 触发器与基本的 D 触发器所实现的功能一致。

③异步复位的 D 触发器。

常见的带有异步复位控制端口的上升沿 D 触发器的逻辑电路符号如图 1.60 所示，其功能表见表 1.6。不难看出，只要复位控制端口的信号有效，D 触发器就会立即进行复位操作。可见，这时的复位操作是与时钟信号无关的。

▲图 1.60　异步复位的 D 触发器的电路符号

表 1.6　异步复位的 D 触发器的功能表

R	D	CP	Q	$\overline{Q}$
0	×	上升沿	0	1
1	×	0	保持	保持
1	×	1	保持	保持

续表

R	D	CP	Q	$\overline{Q}$
1	0	上升沿	0	1
1	1	上升沿	1	0

源程序代码如下：

```
module    async_rddf(clk,reset,d,q,qb);
input     clk,reset,d;
output    q,qb;
reg q,qb;
always    @(posedge clk or negedge reset) begin
    if(! reset) begin
        q<=0;
        qb<=1;
    end
    else begin
        q<=d;
        qb<= ~d;
    end
end
endmodule
```

仿真结果如图 1.61 所示。

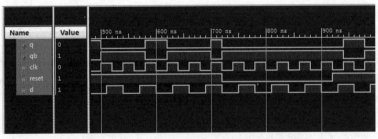

▲图 1.61　仿真结果(异步复位的 D 触发器)

仿真结果说明：

观察同步复位的 D 触发器与异步复位的 D 触发器的仿真结果,其区别是显而易见的。如果不考虑器件本身的延迟,异步复位的 D 触发器的 reset 信号为 0 时,输出 q 直接复位,不受时钟信号的影响。

④同步置位/复位的 D 触发器。

同时带有置位控制和复位控制端口的 D 触发器也是经常使用的,同样它也具有同步和异步两种方式。这里给出同步置位/复位的 D 触发器的源程序及仿真结果,请读者根据已经介绍的内容自己实现异步置位/复位的 D 触发器。

带有同步置位/复位端口的上升沿 D 触发器的逻辑电路符号如图 1.62 所示,它的功能表见表 1.7。不难看出,只有在时钟信号的上升沿到来并且同步置位/复位端口的信号有效时,D 触发器才可以进行置位或者复位操作。

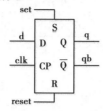

▲图 1.62　同步置位/复位的 D 触发器的电路符号

表 1.7　同步置位/复位的 D 触发器的功能表

S	R	D	CP	Q	$\overline{Q}$
0	1	×	上升沿	1	0
1	0	×	上升沿	0	1
1	1	×	0	保持	保持
1	1	0	上升沿	0	1
1	1	1	上升沿	1	0

源程序如下:

```
module sync_rsddf(clk,reset,set,d,q,qb);
input clk,reset,set;
input d;
output q,qb;
regq,qb;
always  @  (posedge clk) begin
    if(! set && reset) begin
        q<=1;
        qb<=0;
    end
    else if(set && ! reset) begin
        q<=0;
        qb<=1;
    end
    else begin
        q<=d;
        qb<= ~d;
    end
    end
endmodule
```

仿真结果如图 1.63 所示。

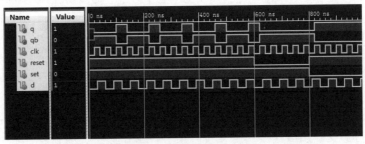

▲图 1.63　仿真结果(同步置位/复位的 D 触发器)

4)实验结果

时序逻辑电路不像组合逻辑电路那样可以通过有限的 LED 灯、七段码来指示实验结果,从而验证硬件描述语言的正确性。因此对于一些快速的信号时序检查,人们需要借助其他仪器设备,如信号发生器、示波器等来进行设计验证。

(1)基本的 D 触发器

基本的 D 触发器的管脚分配见表 1.8。

表 1.8　基本的 D 触发器的管脚分配

程序中管脚名	实际管脚	说　明
d	C17	扩展口 JA 的 JA1
clk	E3	全局时钟
q	D18	扩展口 JA 的 JA2
qb	E18	扩展口 JA 的 JA3

除了时钟的分配是固定的,其他管脚分配可以自己选择,这里这样安排只是为了与信号发生器和示波器连接方便。将信号发生器接到 JA1,将示波器的两通道的引脚分别接到 JA2 和 JA3,对输入输出波形进行观察、比较。

(2)同步复位的 D 触发器

同步复位的 D 触发器的管脚分配见表 1.9。

表 1.9　同步复位的 D 触发器的管脚分配

程序中管脚名	实际管脚	说　明
D	C17	扩展口 JA 的 JA1
Clk	E3	全局时钟
RESET	L16	拨动开关 SW1
Q	D18	扩展口 JA 的 JA2
QB	E18	扩展口 JA 的 JA3

将信号发生器接到 JA1,将示波器的两通道的引脚分别接到 JA2 和 JA3,对输入输出波形进行观察、比较。

(3)异步复位的 D 触发器

异步复位的 D 触发器的管脚分配见表 1.10。

表 1.10　异步复位的 D 触发器的管脚分配

程序中管脚名	实际管脚	说　明
D	C17	扩展口 JA 的 JA1
Clk	E3	全局时钟
RESET	L16	拨动开关 SW1
Q	D18	扩展口 JA 的 JA2
QB	E18	扩展口 JA 的 JA3

将信号发生器接到 JA1,将示波器的两通道的引脚分别接到 JA2 和 JA3,对输入输出波形进行观察、比较。

(4)同步置位/复位的 D 触发器

同步置位/复位的 D 触发器的管脚分配见表 1.11。

表 1.11　同步置位/复位的 D 触发器的管脚分配

程序中管脚名	实际管脚	说　明
D	C17	扩展口 JA 的 JA1
Clk	E3	全局时钟
RESET	L16	拨动开关 SW1
Q	D18	扩展口 JA 的 JA2
QB	E18	扩展口 JA 的 JA3
SET	M13	拨动开关 SW2

将信号发生器接到 JA1,将示波器的两通道的引脚分别接到 JA2 和 JA3,对输入输出波形进行观察、比较。

1.5　基于 Xilinx FPGA 开发板的波形发生器设计

1)实验内容

在 Vivado 中设计一个可以改变频率和相位的简易的 DDS 信号发生器。

2）实验原理

图 1.64 为 DDS 信号发生器的框图。DDS 信号发生器由相位累加器、相位调制器、波形数据 ROM 和 D/A 转化器等组成,其中相位累加器由 N 位加法器和 N 位累加寄存器组成。

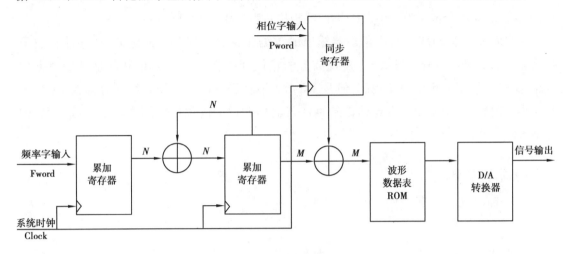

▲图 1.64　DDS 信号发生器框图

DDS 工作原理是先将要产生的波形数据存储在 ROM 中,相位累加器的输出数据作为 ROM 的相位采样地址,在频率控制字 Fword 的控制下,从数据存储器 ROM 中将波形数据读取出来,再经过 D/A 数模转化器和低通滤波器后,从而输出具有频率分辨率高、相位噪声小、频率转换时间短等优点的波形信号。DDS 工作原理的流程图如图 1.65 所示。

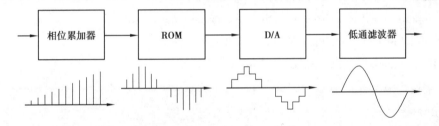

▲图 1.65　DDS 工作原理的流程图

①相位累加器的原理是:先将频率控制字(Fword)的值送到累加寄存器,每来一个时钟脉冲,加法器就将频率控制字 Fword 与累加寄存器输出的相位数据进行相加运算,运算结果又反馈到 N 位累加寄存器的数据输入端,在下一个时钟脉冲的作用下再一次与频率控制字进行相加运算。如此反复,不断对频率控制字进行线性相位累加,直至满量程产生溢出,产生一个完整周期的信号,累加器的溢出频率就是直接数字式频率合成信号的频率。

由于相位累加器为 N 位,若系统时钟频率为 CLK,频率控制字为 1,那么每隔 1/CLK 的时间间隔,相位累加器就进行一次加法运算;当加到 2 的 N 幂次方时,所需要的时间为 1/CLK * 2^N,这个时间就是一个完整信号的周期,则输出频率为 CLK/2^N,这个频率相当于"基频",同时也是频率的最小分辨率,若 Fword 为 B,则相位间隔增大了 B 倍,输出频率的计算公式:B * CLK/2^N。

从这个公式中可以得出,把相位累加器看成一个周期波形的相位,即把一个波形的相位平均分成 2^N 个,每一个相位对应一个波形信号的幅度,将这些幅度信号送到 D/A 转化成模拟信号,就得到了所要求设计的信号发生器了。

②相位调制器:相位控制字为 Pword,位宽为 M 位,则将一个完整波形 360 度相位分成 2^M 份,则相位的最小分辨率为 $360/2^M$;输出的相位差为 $360/2^M * Pword$。

③波形数据表 ROM。相位累加器输出的数据作为波形存储器的地址,把存储在波形存储器里的数据经过查找表找出,实现波形的相位到幅度的转换。ROM 的地址和数据位宽越宽,输出波形的精度也就越高,但是 ROM 的地址和数据位宽受到数据存储器 ROM 容量大小的限制,通常采用有选择的截断累加器输出数据的高位位宽的方法来降低 ROM 的使用量。

3）实验步骤

①matlab 生成存储波形的 sin.coe 文件。

```
clc
clear all
close all
x = linspace(0, pi * 2,512);          % 在[0,2 * pi]之间等间隔取 512 个点
y_sin0 = sin(x);
y_sin = y_sin0 * 511;    % 量化
plot(y_sin);
fid = fopen('C:\Users\Administrator\Desktop\sin.coe','wt');
fprintf(fid,'memory_initialization_radix = 10;\n');
fprintf(fid,'memory_initialization_vector = \n');
for i = 1:1:512
    if(i==512)
        fprintf(fid, '%.0f;\n', y_sin(i));
    else
        fprintf(fid, '%.0f,\n', y_sin(i));
    end
end
        fclose(fid);
```

②coe 文件添加到 rom ip 核内,rom 的相关参数:port A width:10;port A depth:512,如图 1.66 所示。

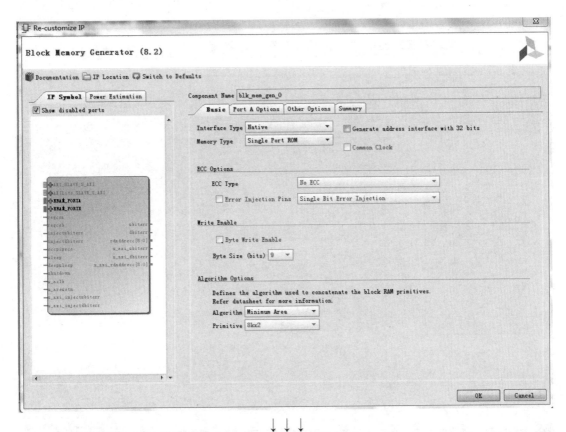

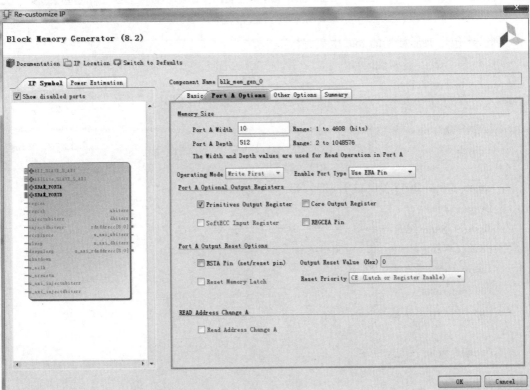

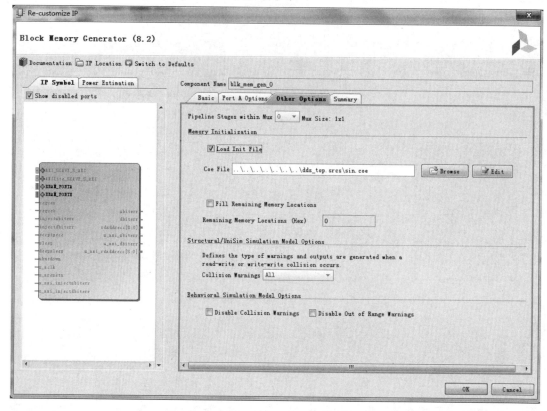

▲图 1.66　rom ip 配置

至此,将包含波形数据的 rom 生成完毕。

③DDS 信号发生器的代码如下:

```
' timescale 1ns / 1ps
//////////////////////////////////////////////////////////////////////////////////
// Company:
// Engineer:
//
// Create Date: 2017/01/23 18:23:44
// Design Name:
// Module Name: dds
// Project Name:
// Target Devices:
// Tool Versions:
// Description:
//
// Dependencies:
//
// Revision:
```

```verilog
// Revision 0.01 - File Created
// Additional Comments:
//
//////////////////////////////////////////////////////////////////////


module dds(clk,rst,fword,pword,data
    );
    inputclk;//系统时钟
    inputrst;//复位
    input[31:0]fword;//频率控制字
    input[7:0]pword;//相位控制字
    output[9:0]data;//输出波形数据

    reg[31:0]fre_add;//相位累加器
    reg[8:0]rom_addr; //rom 地址

    //实现相位累加器,fre_add 累加溢出,即实现一个周期波形
    always@ ( posedge clk or negedge rst)
        if(! rst)
            fre_add<=32' d0;
        else
            fre_add<=fre_add+fword;
    //ROM 的相位采样地址,在频率控制字 Fword 的控制下,从数据存储器 ROM 中将波形
数据读取出来
    always@ ( posedge clk or negedge rst)
        if(! rst)
            rom_addr<=9' d0;
        else
            rom_addr<=fre_add[31:23]+pword;

    //存储波形的 rom
blk_mem_gen_0 rom (
            .clka(clk),      // input wire clka
            .ena(1' b1),        // input wire ena
            .addra(rom_addr),   // input wire[8 : 0]addra
            .douta(data)    // output wire[9 : 0]douta
        );
endmodule
```

④DDS 信号发生器的测试代码如下：

```
' defineclk_period 50
//////////////////////////////////////////////////////////////////////
// Company：
// Engineer：
//
// Create Date：2017/01/23 18：28：04
// Design Name：
// Module Name：dds_tb
// Project Name：
// Target Devices：
// Tool Versions：
// Revision：
// Revision 0.01 - File Created
// Additional Comments
//////////////////////////////////////////////////////////////////////


module dds_tb；
// Inputs
    regclk；//系统时钟 20 MHz
    regrst；//复位
    reg[31:0] fword；//频率控制字
    reg[7:0] pword；//相位控制字

    // Outputs
    wire[9:0] data；//输出波形数据

    // Instantiate the Unit Under Test (UUT)
    dds dds_tb (
        . clk(clk)，
        . rst(rst)，
        . fword(fword)，
        . pword(pword)，
        . data(data)
    )；

    initial clk = 1；
```

```
always #('clk_period/2)clk = ~clk;//20 MHz 系统时钟
initial begin
    // Initialize Inputs
    rst = 0;
    fword = 0;
    pword = 0;

    // Wait 100 ns for global reset to finish
    #100;
            rst = 1;
    fword = 100000;//100000 * 20mhz/2^32
    #6000000;
    fword = 200000;
    #6000000;
    fword = 600000;
    #6000000;
    pword = 128;//90
    #6000000;
    pword = 64;//90
    #6000000;
    pword = 256;//90
    #6000000;
     $stop;
    end

endmodule
```

其中设置,当 fword 为 100 000,则输出的频率为 100 000 * 20 MHz/2^32 = 465.5 Hz;当 Fword 为 200 000,则输出的频率为 200 000 * 20 MHz/2^32 = 931 Hz;当 fword 为 600 000,则输出的频率为 600 000 * 20 MHz/2^32 = 2 794 Hz;本次实验设计的相位控制字的位宽为 8 位,那么最小分辨率为 360/2^8 = 1.4 度,设置 Pword = 128,则为与邻近波形相差半个周期,Pword = 128,为与邻近波形相差 1/4 个周期。

⑤仿真结果。

仿真时需要注意的是:

a.仿真时间设置得要大一点,防止还没有仿真到有效的数据就结束。

b.右键图 1.67 中的"data",选择"Waveform Style"中的"Analog"才会显示正弦波形。

从图 1.67 可以看出,当 Fword 为 100 000,则输出的频率为 466 Hz;当 Fword 为 200 000,则输出的频率为 935 Hz;当 Fword 为 600 000,则输出的频率为 27.9 kHz,结果与理论上预期的大致一样。

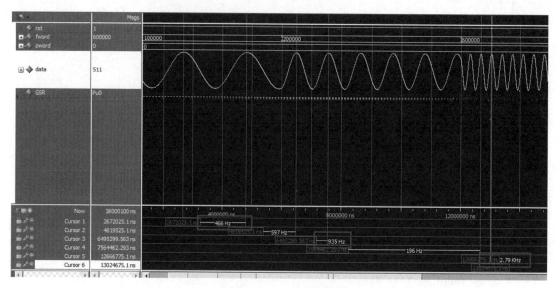

▲图 1.67 仿真结果

当 Pword=128 时,与邻近波形相差近半个周期,如果在图 1.67 中看得不是很清楚,可以查对应的 coe 文件在该点的位置,如图 1.68 所示。

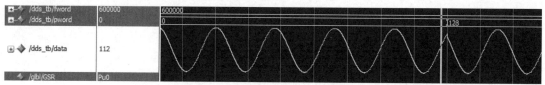

▲图 1.68 邻近波形相差近半个周期

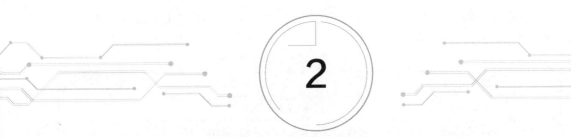

2

基于System Generator的DSP系统设计

2.1 System Generator 快速入门

本节旨在给出 System Generator 设计的整体轮廓,让读者从宏观上把握,避免一开始就详细介绍各种基本操作。

2.1.1 Xilinx 模块库的基本介绍

System Generator 和 Simulink 是无缝链接的,可以在 MATLAB 标准工具栏中直接启动,如图 2.1 所示。这些模块都根据其功能划分为不同的库,为了易于使用,又在某些库中添加了部分有广泛应用的模块,所有的模块都按字母顺序排列在 Xilinx Index 库中。读者需要注意的是,在 Simulink 环境中,只有通过 Xilinx 模块搭建的系统才能保证硬件可实现,其地位类似于 HDL 语言中的可综合语句。

Xilinx DSP模块集

90多个DSP构造块
通过Simulink库浏览器访问块
可以从MATLAB工具栏里启动

▲图 2.1　Xilinx DSP 模块集

熟悉 Xilinx DSP 基本模块库是 System Generator 设计流程中的关键环节,只有掌握了基本模块的特性和功能,才能更好地实现算法。由 Xilinx 模块库和 System Generator 一起,可生成

Xilinx 可编程器件的最优逻辑,这属于最底层的设计模块,地位等效于 IP Core,共有 90 多个。Xilinx 基本模块库的简要说明见表 2.1。

表 2.1　Xilinx 基本模块库的简要说明

Xilinx 基本模块库名称	简要说明
Index	包含了所有的 Xilinx 模块
Basic Elements	包含了数字逻辑的标准组件模块
Communication	包含了数字通信系统中的通用模块
Control Logic	包含了用于创建控制逻辑以及状态机逻辑的模块
Data Types	包含了用于数据类型转换的模块
DSP	包含了用于数字信号处理的模块
Math	包含了用于完成教学运算的模块
Memory	包含了存储器操作模块
Shared Memory	包含了共享存储器操作模块
Tools	包含了使用函数模块,如代码生成、资源评估、协同仿真等

1）基本单元模块

基本单元模块中包含了数字逻辑的标准组件模块,使用这些模块可插入时间延迟、改变信号速率、引入常数、计数器以及多路复用器等。此外,还包含了 3 个特殊的模块 System Generator 标志、黑盒子模块（Black Box）以及边界定义模块,后文将对其进行详细说明。该模块简要的功能说明见表 2.2。

表 2.2　基本单元模块的功能说明列表

基本模块名称	功能说明	基本模块名称	功能说明
System Generator	System Generator 标志,含有系统编译信息	Addressable Shift Register	
Assert	声明模块,用于定义信号	Bit Basher	位操作模块,可提取或合并
Black Box	黑盒子模块,用于加载 HDL 模块	Clock Enable Probe	输入为 Simulink 设计的任意信号
Concat	将多个输入数据按位级联后作为一个输出数据	Constant	常数模块
Convert	数据格式转换模块,将输入信号按照要求转换成相应的格式	Counter	计数模块
Delay	延迟模块	Down Sample	下采样模块
Expression	按照输入表达式的方式对输入信号按照位逻辑进行运算	Gateway In	Simulink 到 System Generator 的入口

续表

基本模块名称	功能说明	基本模块名称	功能说明
Gateway Out	System Generator 到 Simulink 的入口	Invert	将输入数据按位取反
LFSR	线性反馈移位寄存器	Logic	可选择实现固定数-二进制数逻辑功能
Mux	多路选择器模块	Parallel to Serial	并串转换模块
Register	寄存器模块	Reinterprel	改变输入数据的格式并输出
Relational	比较器模块	Serial to parallel	串并转换模块
Slice	Slice 模块	Time Division Demultiplexer	时分解复用模块
Time Division multiplexer	时分复用模块	Up Sample	上采样模块

2）通信模块

通信应用是 FPGA 的主要应用领域之一,因此 Xilinx 的通信模块库提供了用于实现数字通信的各种函数,包括卷积编解码、RS 编解码以及交织器等模块。通信模块的功能说明见表2.3。

表2.3　通信模块的功能说明列表

基本模块名称	功能说明	基本模块名称	功能说明
Convolutional Encode	卷积码编码模块	Depuncbure	可在输入数据的特定位置插入要求的数据
Interleaver Deinterleaver	交织、解交织器	Puncturee	从输入数据中移出指定的二进制向量数据
RS Decoder	RS 编码器	RS Encoder	RS 编码器
Viterbi Decoder	维特比译码器		

3）控制逻辑模块

控制逻辑主要用于创建各种控制逻辑和状态机的资源,包括逻辑表达式模块、软核控制器、复用器以及存储器,其简要功能说明见表2.4。

表2.4　控制逻辑模块的功能说明列表

基本模块名称	功能说明	基本模块名称	功能说明
Black Box	黑盒子模块	Constant	常数模块
Counter	计数器模块	Dual Port RAM	双口 RAM 模块

续表

基本模块名称	功能说明	基本模块名称	功能说明
EDK Processor	EDK 处理器模块	Expression	表达式模块
FIFO	FIFO 模块	Inverter	将输入数据按位取反
Logical	可选择实现固定位数二进制数逻辑功能	MCode	MCode 模块，用于加载 m 函数
Mux	多路选择器模块	Picoblaze Microcartoller	Picoblaze 8 位处理器模块
Rsgister	寄存器模块	Relational	比较器模块
ROM	ROM 模块	Shift	移位模块
Signal Port RAM	单口 RAM 模块	SLICE	SLICE 模块

4）数据类型模块

数据类型模块主要用于信号的数据类型转换，包括移位、量化、并/串、串/并转换以及精度调整模块，其简要功能说明见表 2.5。

表 2.5   数据类型模块的功能说明列表

基本模块名称	功能说明	基本模块名称	功能说明
Bitbasher	数据按位操作模块，可完成提取、并置以及扩充等功能	Concat	将多个输入数据按位级联后作为一个输出数据
Convert	数据格式转换模块，将输入信号按照要求转换成相应的格式	Gateway In	Simulink 到 System Generator 的入口
Gateway Out	System Gemerator 到 Simulink 的入口	Slice	Slice 模块
Reinterpret	改变输入数据的格式并输出	Scale	按照 2 的幂次方完成数据放大和缩小
Serial to Paralleral	串并转换模块	Shift	移位单元

5）DSP 模块

DSP 模块是 System Generator 的核心，该库包含了所有常用的 DSP 模块，其简要功能说明见表 2.6。

表 2.6   DSP 模块的功能说明列表

基本模块名称	功能说明	基本模块名称	功能说明
DAFIR	分布式 FIR 滤波器模块	DDS	数字频率合成器模块
DSP48	DSP48 硬核模块	DSP48 Macro	DSP48 宏模块

续表

基本模块名称	功能说明	基本模块名称	功能说明
DSP48E	DSP48E 模块	FDATool	滤波器设计工具
FFT	FFT 模块	FIR Compiler	FIR 滤波器编译模块
LFSR	线性反馈移位寄存器模块	Opmode	DSP48 单元控制模块

6）数学运算模块

数学运算是任何程序所不可避免的，Xilinx 提供了丰富的数学运算库，包括基本四则运算、三角运算以及矩阵运算等，其简要功能说明见表 2.7。

表 2.7　数学运算模块的功能说明列表

基本模块名称	功能说明	基本模块名称	功能说明
Accumulator	累加器模块	AddSub	加、减法模块
CMult	复数乘法器模块	Constant	常数模块
Convert	数据格式转换模块，将输入信号按照要求转换成相应的格式	Counter	计数器模块
Expression	表达式模块	Inverter	将输入数据按位取反
Logical	可选择实现固定位数二进制数逻辑功能	Mcode	用于加载 m 函数
Mult	乘法器模块	Negate	对输入数据取反模块
Reinteipret	改变输入数据的格式并输出	Relational	比较器模块
Scale	按照 2 的幂次方放大或缩小数据	Shift	移位操作
SmeCosine	正、余弦模块	Threshold	门限处理模块

7）存储器模块

该库包含了所有 Xilinx 存储器的 Logic Core，其简要说明见表 2.8。

表 2.8　存储器模块的说明列表

基本模块名称	功能说明	基本模块名称	功能说明
Addressable Shift Register	长度可变的移位寄存器	Delay	延退模块
Dual Port RAM	双口 RAM 模块	FIFO	FIFO 模块
LFSR	线性反馈移位寄存器模块	Register	寄存器模块
ROM	ROM 模块	Shared Memory	共享存储器模块
Signal Port RAM	单口 RAM 模块		

8）共享存储器模块

共享存储器模块见表 2.9，主要用于共享存储器操作。

表 2.9　共享存储器模块的说明列表

基本模块名称	功能说明	基本模块名称	功能说明
From FIFO	从 FIFO 模块中读取数据	From Register	从寄存器中读取数据
Multiple Subsystem Generator	该模块可以使工作在不同时域中的子系统很好地工作	Shared Memory	共享存储器模块
Shared Memory Read	共享存储器读模块	Shared Memory Write	共享存储器写模块
To FIFO	写数据到 FIFO 中	To Register	写数据到寄存器中

9）工具模块

工具模块包含了 FPGA 设计流程中常用的 ModelSim、ChipScope、资源评估等模块以及算法设计阶段的滤波器设计等模块。该库的模块在设计中起辅助作用，都是设计工具，一般不能生成 HDL 设计，其简要说明见表 2.10。

表 2.10　工具模块的说明列表

基本模块名称	功能说明	基本模块名称	功能说明
System Generator	System Generator 标志	ChipScope	ChipScope 模块
Clock Probe	生成和系统时钟同频的、占空比为 50% 的方波	Configurable Subsystem Manager	可配置子系统管理模块
Disregard Subsystem	专门置于子系统中,目前用得很少,未来可能会被取消	FDATool	滤波器设计工具
Indeterrinate Probe	判断输入信号是否为确定逻辑	ModelSim	ModelSim 模块
Pause Simulation	暂停仿真模块	Picoblaze Microcontroller	Picoblaze 微处理器模块
Resource Estimate	资源估计模块	SampleTirtie	测量输入信号的采样周期
Simulation Multiplexer	允许设计中有两个功能相同的模块,一个仿真,一个综合	Signal-Step Simulation	单步仿真模块
Toolbar	快速进入工具栏模块	WaveScope	示波器模块

10）FPGA 边界定义模块

System Generator 是 FPGA 实现和算法开发之间桥梁,通过两个标准模块"Gateway In"和

"Gateway Out"来定义 Simulink 仿真模型中 FPGA 的边界。"Gateway In"模块标志着 FPGA 边界的开始,能够将输入的浮点转换成定点数。"Gateway Out"模块标志着 FPGA 边界的结束,将芯片的输出数据转换成双精度数。在 Simulink 环境中双击这两个模块会弹出配置对话框,可以设定不同的转换规则,如图 2.2 所示。

定义FPGA边界

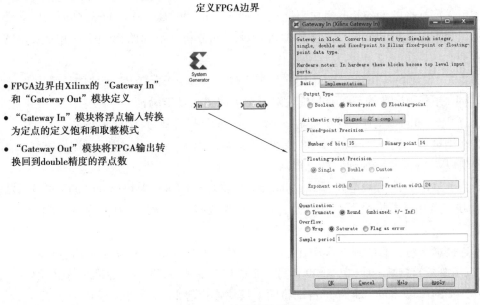

- FPGA边界由Xilinx的"Gateway In"和"Gateway Out"模块定义
- "Gateway In"模块将浮点输入转换为定点的定义饱和和取整模式
- "Gateway Out"模块将FPGA输出转换回到double精度的浮点数

▲图2.2 转换模块示意图

11）System Generator 标志

每个 System Generator 应用框图都必须至少包含一个 System Generator 标志,如图 2.3 所示,否则会提示错误。标志模块用来驱动整个 FPGA 实现过程,不与任何模块相连。双击标志模块,可以打开属性编辑框,能够设置目标网表、器件型号、目标性能以及系统时钟频率等指标。

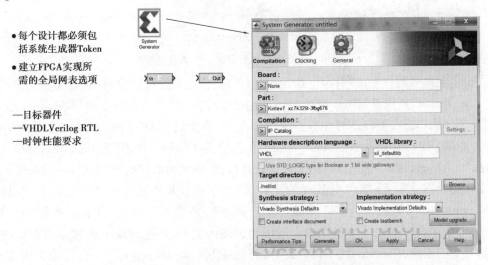

- 每个设计都必须包括系统生成器Token
- 建立FPGA实现所需的全局网表选项

—目标器件
—VHDLVerilog RTL
—时钟性能要求

▲图2.3 System Generator 标志模块示意图

2.1.2　建立简易的 DSP 设计

一旦定义了 FPGA 边界就可以通过 Xilinx DSP 模块集合来建立各种 DSP 设计,包括滤波器、存储器、算术运算器、逻辑和比特操作器等丰富资源,每个模块都有详细的工作频率和比特宽度定义。标准的 Simulink 模块不能在"Gateway In"和"Gateway Out"之间使用,但常用来产生测试数据以及对 FPGA 的输出数据进行处理和分析。下面给出一个简单的 FPGA 系统设计实例。

例 2.1　使用 System Generator 建立一个 3 输入(a、b、c)的 DSP4 模块的计算电路,使输出 p=c+a∗b,并利用标准的 Simulink 模块对延迟电路进行功能验证。

①打开 Simulink 库浏览器并建立一个新的 Simulink 模型,并保存为 mydsp. slx。

②在浏览器中选择 Xilinx DSP48 模块,并将其拖到 mydsp. slx;按照同样的方法添加边界定义模块以及 System Generator 标志模块。

③为了测试 DSP 计算电路,添加 Simulink 标准库中的常数模块(Constant)和显示器(Display)模块。其中常数模块用于向 DSP 计算电路灌数据,作为测试激励;显示器则用于观测输出数据。

④连接模块将所有的独立模块连成一个整体。其中 Xilinx 模块之间的端口可以直接相互连接,用鼠标直接从一个端口拖曳到另一个端口来完成,或选中目标模块,按住"Ctrl"键,再单击要连接的模块,Simulink 即可自动将两个模块连接起来;而 Xilinx 模块和非 Xilinx 模块之间的连接则需要边界模块(Gateway)来衔接。经过连接的设计如图 2.4 所示。

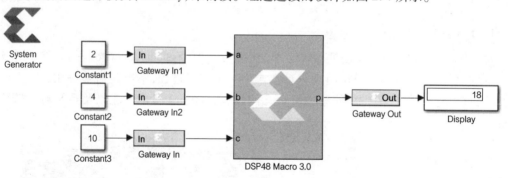

▲图 2.4　延迟模块以及测试平台的组成架构

⑤设定系统参数。双击"System Generator"模块,会出现系统设定对话框,如图 2.5 所示。其中"Compilation"栏选择编译生成对象,包括 HDL 网表、IP 核、Synthesized checkpoint 形式网表文件、硬件协仿真类型以及时序分析文件等类型,本例选择 HDL 网表类型,会生成 Vivado 工程以及相应的 HDL 代码;"Part"栏用于选择芯片型号,本例选择"Artix7 xc7a100t-1csg324"。"Target"栏用于选择目标文件存放路径,本例使用默认值,则会在 mydelay. slx 文件所在文件夹中自动生成一个"Netlist"的文件夹,用于存放相应的输出文件。综合工具选择 Vivado Synthesis,HDL 语言选择 Verilog 类型,系统时钟设的周期为 10 ns,即为 100 MHz。"Clock Pin Location"栏的文本框中输入系统时钟输入管脚,则会自动生成管脚约束文件(由于本例只是演示版,所以该项空闲)。此外,可选中"Create testbench"选项,自动生成设计的测试代码。各项参数确认无误后,单击"OK"键,保存参数。

▲图 2.5　系统参数设定对话框

⑥设置关键模块参数。双击"Gataway In""Gataway Out"模块,会弹出如图 2.6 和图 2.7 所示的对话框。Gataway In 模块属性可查看输入数据位宽和量化规则。

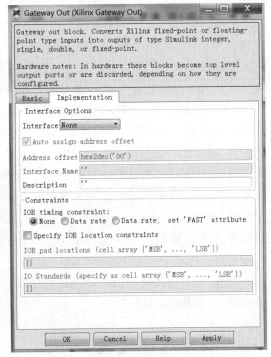

▲图 2.6　"Gataway In"模块属性对话框　　　▲图 2.7　"Gataway Out"模块属性对话框

⑦运行测试激励。当参数设置完成后,单击工具栏的"run"按键,即可运行 Simulink 仿真,可以看到显示器输出为 18(图 2.4),表明设计的功能是正确的。

⑧生成 HDL 代码。单击图 2.5 中的"Generate"按键,System Generator 可自动将设计转化成 HDL 代码。整个转化过程的起始和结束提示界面分别如图 2.8 和图 2.9 所示。

▲图 2.8　自动生成代码过程的起始提示标志　　▲图 2.9　自动生成代码过程的结束提示标志

读者可在相应的文件夹的"sysgen"子目录中打开"mydsp.v"文件,查看相应的代码(为了节约篇幅,这里不再显示),用户可将其作为子模块直接使用。

2.2　System Generator 中的信号类型

System Generator 是面向硬件设计的工具,因此数据类型只能是定点的,而 Simulink 中的基本数据类型是双精度浮点型,因此 Xilinx 模块和 Simulink 模块连接时需要通过边界模块来转换。"Gateway In"模块把浮点数转换成定点数,"Gateway Out"模块把定点数转换成浮点数。此外,对于 Simulink 中的连续时间信号,还必须经过"Gateway In"模块的采样转换才能使用。

System Generator 中的数据类型命名规则是非常简易且便于记忆的形式,如 Fix_8_6 表示此端口为 8 比特有符号数,其中 6 比特为小数部分。如果是无符号数,则带有"Ufix"前缀。在 System Generator 中,可通过选择"Format"菜单中的"Port/Signal Display Port Data Types"命令来显示所有端口的数据类型,形象地显示整个系统的数据精度。

Xilinx 模块基本上都是多形态的,即可根据输入端口的数据类型来确定输出数据类型,但在有些情况下需要扩展信号宽度来保证不丢失有效数据。此外,也允许设计人员自定义模块的输入、输出数据的量化效果以及饱和处理。在图 2.6 所示的"Gateway In"模块属性对话框中,"Output type"选择数据为布尔型、有符号数还是无符号数;"Number of bits"即为定点数的位宽;"Binary point"为小数部分的宽度;"Quantization"选择定点量化模式;"Overflow"用于设定饱和处理模式;"Sample period"用于对连续时间信号的采样。因此按照 System Generator 的数据形式命名规则,"Gateway In"模块的数据类型为 Fix/Ufix_(Number of bits)_(Binary point)。

此外,还有 DSP48 instruction,显示为"UFix_11_0",是 Xilinx 针对数字信号处理的专用模块,用于实现乘加运算。

2.3　自动代码生成

System Generator 能够自动地将设计编译为低级的 HDL 描述,且编译方式多样,取决于 System Generator 标志中的设置。为了生成 HDL 代码,还需要生成一些辅助下载的文件工程文件、约束文件等,以及用于验证的测试代码(HDL testbench)。

2.3.1　编译并仿真 System Generator 模块

前面已经提到要对一个 System Generator 的设计进行仿真或者将其转化成硬件,则设计中必须包含一个 System Generator 生成标志,也可以将多个生成标志分布于不同的层中(一层一个),在层状结构中,处于别的层下的称为从模块,不属于从模块的则为主模块。但是特定的参数(如系统时钟频率)只能在主模块中设置。

对于任一添加的模块,都可以在 System Generator 模块中指定其代码生成方式和仿真处理形式,要编译整个系统,在顶层模块中利用 System Generator 模块生成代码即可。

不同编译类型的设定将会产生不同的输出文件,可选的编译类型包括两个网表文件类型(HDL 网表和 NGC 网表)、比特流文件类型、EDK 导出工具类型以及时序分析类型等 4 类。

①HDL 网表类型是最常用的网表结构,其相应的输出结果包括 HDL 代码文件、EDIF 文件和一些用于简化下载过程的辅助文件。设计结果可以直接被综合工具(如 XST 等)综合,也可以反馈到 Xilinx 物理设计工具(如 ngdbuild、map、par 和 bitgen 等)来产生配置 FPGA 的比特流文件。编译产生的文件类型如 ISE 中是一致的。NGC 网表类型的编译结果和 HDL 网表类似,只是用 NGC 文件代替了 HDL 代码文件。

②比特流文件类型的编译结果是直接能够配置 FPGA 的二进制比特流文件,并能直接在 FPGA 硬件平台上直接运行的。如果安装了硬件协仿真平台,可以通过选择“Hardware Co-simulation”→“XtremeDSP Development Kit”→“PCI and USB”,生成适合 XtremeDSP 开发板的二进制比特流文件。

③EDK 导出工具类型的编译结果是可以生成直接导入 Xilinx 嵌入式开发工具(EDK)的工程文件以及不同类型的硬件协仿真文件。

④时序分析类型的编译结果是该设计的时序分析报告。

2.3.2　编译约束文件

在编译一个设计时,System Generator 会根据用户的配置产生相应的约束文件,通知下载配置工具如何处理设计输入,不仅可以完成更高质量的实现,还能够节省时间。

约束文件可控的指标包括:

①系统时钟的周期。

②系统工作速度,和系统时钟有关、设计的各个模块必须运行的速度。

③管脚分配。

④各个外部管脚以及内部端口的工作速度。

约束文件的格式取决于 System Generator 模块的综合工具:对于 XST,其文件为 XCF 格式;对于 Synplify/Synplify Pro,则使用 NCF 文件格式。

系统时钟在 System Generator 标志中设定,编译时将其写入约束文件,在实现时将其作为头等目标。在实际设计中,常常包含速度不同的多条路径,其中速度最高的采用系统时钟约束,其余路径的驱动时钟只能通过系统时钟的整数倍分频得到。当将设计转成硬件实现时,“Gateway In”和“Gateway Out”模块就变成了输入、输出端口,其管脚分配和接口数据速率必须在其参数对话框中设定,编译时会将其写入 I/O 时序约束文件中。

2.3.3　HDL **测试代码**

通常 System Generator 设计的比特宽度和工作频率都是确定的,因此 Simulink 仿真结果也要在硬件上精确匹配,需要将 HDL 仿真结果和 Simulink 仿真结果进行比较,才能确认 HDL 代码的正确性。特别当其包含黑盒子模块时,这样的验证显得格外重要。System Generator 提供了自动生成测试代码的功能,并能给出 HDL 代码仿真正确与否的指示。

假设设计的名字是<design>,双击顶层模块的 System Generator 标志,将 Compilation 选项设为 HDL Netlist,选中 Create testbench 选项,然后单击 Generate 选项,不仅可以生成常用的设计文件,还有下面的测试文件:

- <design>_tb. vhd/. v 文件,包含完整的 HDL 测试代码;
- Various. dat 文件,包含了测试代码仿真时的测试激励向量和期望向量;
- 脚本 Scripts vcom. do 和 vsim. do 文件,用于在 Modelsim 中完成测试代码的编译和仿真,并将其结果和自动编译产生的 HDL 测试向量进行比较。

Various. dat 文件是 System Generator 将通过"Gataway In/Out"模块的数据保存下来而形成的,其中经过输入模块的数据是测试激励,而通过输出模块的数据就是期望结果。测试代码只是简单的封装器,将测试激励送进生成的 HDL 代码,然后对输出结果和期望结果完成比较,给出正确指示。

2.4　编译 MATLAB 设计生成 FPGA 代码

Xilinx 公司提供了两种方法将 MATLAB 设计. m 文件转化为 HDL 设计,一种就是利用 AccelDSP 综合器;另一种就是直接利用 MCode 模块。前者多应用于复杂或高速设计中,常用来完成高层次的 IP 核开发;而后者使用方便,支持 MATLAB 语言的有限子集,对实现算术运算、有限状态机和逻辑控制是非常有用的。本节内容以介绍 MCode 模块为主。

MCode 模块实现的是装载在里面的. m 函数的功能。此外,还能够使用 Xilinx 的定点类型数对. m 函数进行评估。该模块使用回归状态变量以保证内部状态稳定不变,其输入、输出端口都由. m 函数确定。

要使用 MCode 模块,必须实现编写. m 函数,且代码文件必须和 System Generator 模型文件放在同一个文件夹中,或者处于 MATLAB 路径上的文件夹中。下面用两个实例来说明如何使用 MCode 模块。

例 2.2　使用 MATLAB 编写一个简单的移位寄存器完成对输入数据乘 8 以及除以 4 的操作,并使用 MCode 将其编译成 System Generator 直接可用的定点模块。

①相关的. m 函数代码为:

```
function[lsh3, rsh2] = xlsimpleshift(din)
% [lsh3, rsh2] = xlsimpleshift(din) does a left shift 3 bits and a
% right shift 2 bits. The shift operation is accomplished by
% multiplication and division of power of two constant.
lsh3 = din * 8;
rsh2 = din / 4;
```

②将.m 函数添加到下列 3 个位置之一：

- 模型文件存放的位置；
- 模型目录下名字为 private 的子文件夹；
- MATLAB 路径下。

然后，新建一个 System Generator 设计，添加 MCode 模块，双击模块，在弹出页面中，通过"Browse"按键将.m 函数和模型设计关联起来，如图 2.10 所示。

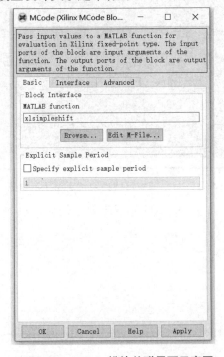

▲图 2.10　MCode 模块关联界面示意图

③添加边界模块、Sytem Generator 模块、正弦波测试激励以及示波器模块构成完整的设计，如图 2.11 所示。

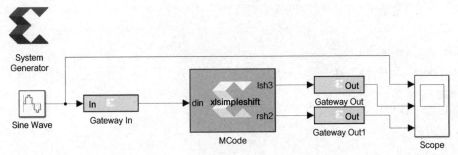

▲图 2.11　简单移位模块设计示意图

④运行仿真，得到的结果如图 2.12 所示，从图中可以看出，设计是正确的，正确实现了.m 文件的功能，图中第二行和第三行波形分别将第一行原信号放大了 8 倍，缩小了 4 倍。

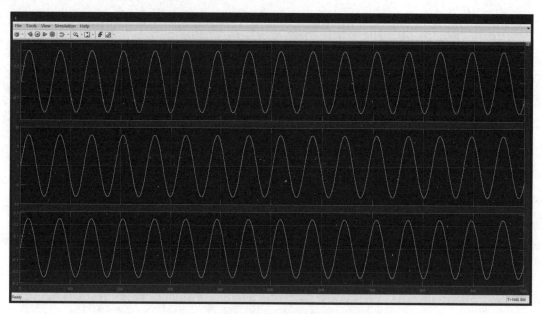

▲图 2.12　简单移位模块仿真结果示意图

⑤自动生成代码,得到的 Verilog 文件如下所列。

```verilog
module myshift (
din,
dout1,
dout2
);
input [15:0] din;
output [15:0] dout1;
output [15:0] dout2;
wire [15:0] din_net;
wire [15:0] dout1_net;
wire [15:0] dout2_net;

assign din_net = din;
assign dout1 = dout1_net;
assign dout2 = dout2_net;
mcode_6b96190926 mcode (
.e(1'b0),
.lk(1'b0),
.lr(1'b0),
.in(din_net),
.sh3(dout1_net),
.sh2(dout2_net)
);
endmodule
```

2.5　System Generator 基本设计流程

2.5.1　设计目标

该设计将通过使用 System Generator 工具实现:
$$y(n) = x(n) + 3.0 * x(n-1) + 4.0 * x(n-2) + 1.5 * x(n-3)$$
的浮点运算模型。首先将其通过 z 变换转换到 Z 域进行描述

$$y(n) = x(n) + 3.0 * x(n-1) + 4.0 * x(n-2) + 1.5 * x(n-3)$$
$$=> Y(z) = X(z) + 3.0 * z^{-1} * X(z) + 4.0 * z^{-2} * X(z) + 1.5 * z^{-3} * X(z)$$
$$=> Y(z) = X(z) * (1 + 3.0 * z^{-1} + 4.0 * z^{-2} + 1.5 * z^{-3})$$

注意:

①在使用 System Generator 工具前,必须安装 MathWorks 公司的 MATLAB 软件工具,本设计使用 Vivado 2017.2 套件中的 System Generator 工具,MATLAB 的版本为 2016b。

②必须严格对应 MATLAB 的版本号,否则运行设计时会出错。

2.5.2　运行环境配置

如图 2.13 所示,在正确安装后,在 Windows 环境的桌面下,选择"开始"→"所有程序"→"Xilinx Design Tools"→"Vivado 2017.2"→"System Generator"→"System Generator MATLAB Configurator",打开配置界面。

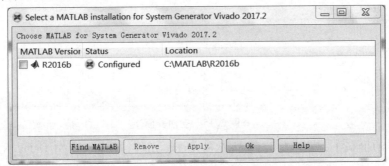

▲图 2.13　System Generator MATLAB Configurator

选中 R2016b 前面的复选框,表示 System Generator 和 MATLAB 软件工具进行关联。单击"OK"按钮,退出配置界面。

2.5.3　模型的建立

①选择"开始"→"所有程序"→Xilinx Design Tools→"Vivado 2017.2"→"System Generator"→"System Generator 2017.2",打开 System Generator 软件工具。

②在 MATLAB 主界面工具栏下,单击　按钮,打开 Simulink 工具。

③在Simulink主界面主菜单下,选择"File"→"New"→"Model",建立一个新的模型。

④在"Simulink Library Browser"主界面的"Libraries"窗口下,找到"Xilinx Blockset",并展开,找到"Floating-Point",在窗口右边出现浮点处理元件。

⑤在该界面下,找到图2.14所示的"Gateway In"元件和"Gateway Out"元件,并将其拖入图2.15所示空白界面中。

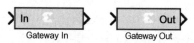

▲图2.14　Gateway in元件和Gateway out元件

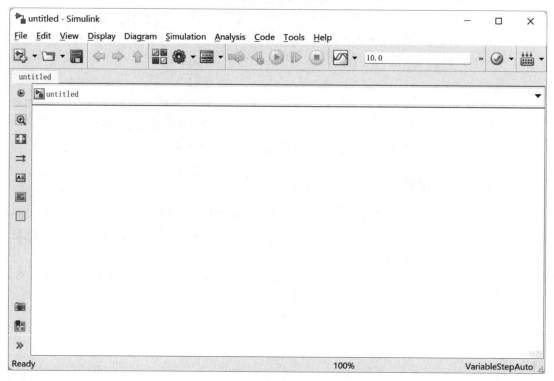

▲图2.15　空白界面

⑥在同样的窗口下,找到图2.16所示的Delay元件,并拖入3个Delay元件到设计界面中。

在同样的窗口下,找到图2.17所示的CMult元件,并拖入3个CMult元件到设计界面中。

▲图2.16　Delay元件　　▲图2.17　CMult元件

搭建的模型如图2.18所示。

在同样的窗口下,找到下图2.19所示的AddSub元件,并拖入3个AddSub元件到设计界面中。

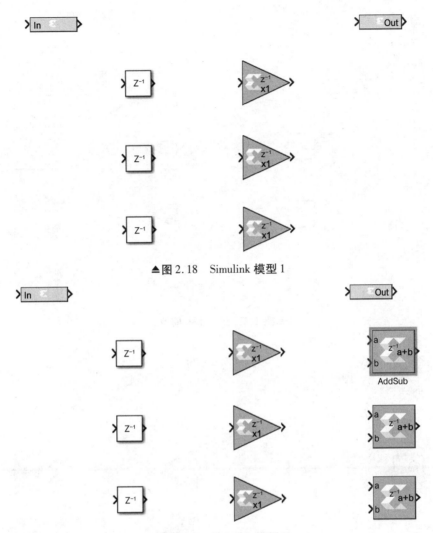

▲图 2.18   Simulink 模型 1

▲图 2.19   Simulink 模型 2

在 Simulink Library Browser 主界面的 Libraries 窗口下,找到 Xilinx Blockset,并展开,找到 Basic Elements,在右边窗口出现基本元件符号,如图 2.20 所示,找到 System Generator Token。

System
Generator

▲图 2.20   System Generator 模块

这个模块必须出现在所有的 System Generator 设计中,否则在运行设计时会报错,并将其拖入到图 2.21 所示的界面中。

在 Simulink Library Browser 主界面的 Libraries 窗口下,找到 Simulink,并展开,找到 Sources,在右边窗口出现源元件符号,如图 2.22 所示,找到 Sine Wave 元件符号,并将其拖入设计界面中。

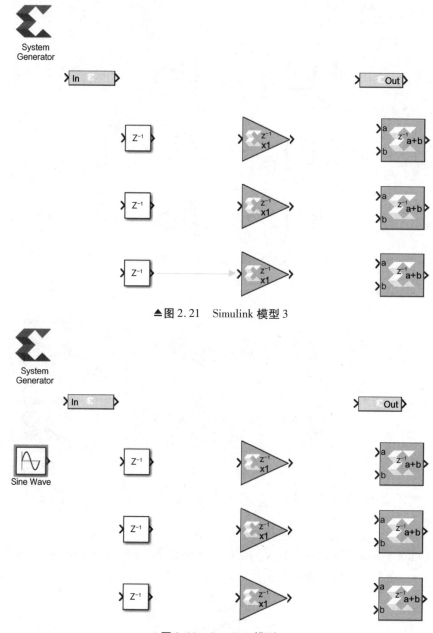

▲图 2.21 Simulink 模型 3

▲图 2.22 Simulink 模型 4

在 Simulink Library Browser 主界面的 Libraries 窗口下，找到 Simulink，并展开，找到 Sinks，在右边窗口出现源元件符号，如图 2.23 所示，找到 Scope 元件符号，将其拖入设计界面中，并把各个元件的输入/输出对应连接起来，得到最终的 Simulink 模型设计如图 2.24 所示。

Scope

▲图 2.23 Scope 元件

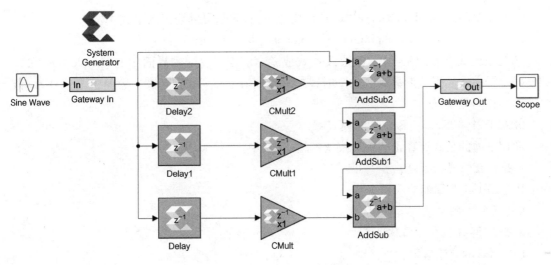

▲图 2.24　Simulink 模型设计

2.5.4　模型参数的设置

1）sine Wave 参数配置

鼠标双击图 2.24 中的 Sine Wave 符号，打开正弦信号参数配置界面如图 2.25 所示。首先介绍一下该配置界面的一些参数的含义：

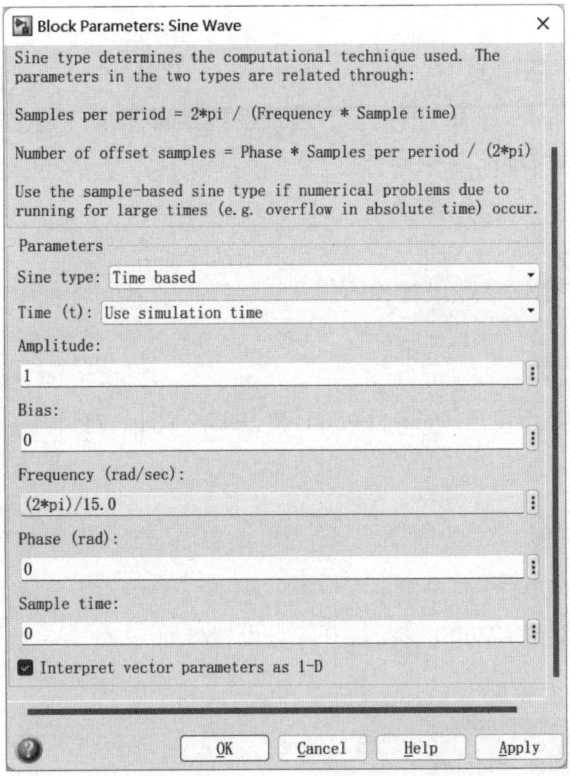

▲图 2.25　sine Wave 参数配置

①基于时间（Time-Based）的模式，在该模式下，正弦信号的输出由下式决定：

$$y = amplitude \times \sin(frequency \times time + phase) + bias$$

②在该模式下有两个子模式：连续模式或者离散模式。配置界面中的 Sample time 参数的值确定子模式。当该参数取值为 0 时该模块运行在连续模式；当该参数的值大于 0 时，该模式运行在离散模式。

③基于采样（Sample-Based）的模式：

使用下面的公式计算正弦信号模块的输出，其中：

A 是正弦信号的幅度；

P 是每个正弦周期的采样个数；

k 是重复的整数值，其范围从 0 ~ p−1

o 是信号的偏置（相位移动）；

b 是信号的直流偏置；

Sine type：Time based；

Time(t)：Use simulation time；

Amplitude：1；

Bias：0；

Frequency(rad/sec)：(2 * pi)/15.0

Phase(rad)：0；

Sample time：0（连续时间）；

2）Gateway In 参数配置

在设计界面，双击 Gateway In 图标，打开参数设置界面，按如下参数设置：

①Output Type：Float-point；

②Floating-point Precision：Single；

③其他按默认参数设置；

④单击"OK"按钮，退出参数设置界面。

3）Delay 参数配置

在图 2.26 所示的界面双击 Delay、Delay1 和 Delay2 图标，打开参数设置界面，按图 2.26 进行参数设置。

4）CMult 参数配置

CMult 参数配置如图 2.27 所示。

①在设计界面内，双击 CMult 图标，打开参数设置界面，按如下参数设置：

Constant value：3；

Constant Type：Floating-point；

Floating-point Precision：Single；

单击"OK"按钮，退出参数设置界面。

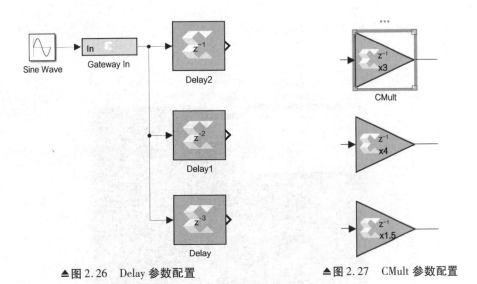

▲图 2.26 Delay 参数配置   ▲图 2.27 CMult 参数配置

②在设计界面内,双击 CMult1 图标,打开参数设置界面,按如下参数设置:

Constant value:4;

Constant Type:Floating-point;

Floating-point Precision:Single;

单击"OK"按钮,退出参数设置界面。

③在设计界面内,双击 CMult2 图标,打开参数设置界面,按如下参数设置:

Constant value:1.5;

Constant Type:Floating-point;

Floating-point Precision:Single;

单击"OK"按钮,退出参数设置界面。

5) Scope 参数配置

在设计界面内,双击 Scope 图标,打开 Scope 主界面如图 2.28 所示。

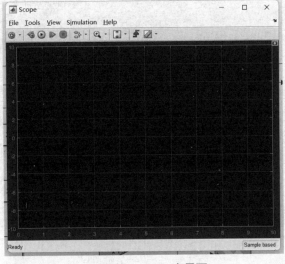

▲图 2.28 Scope 主界面

在 General 标签栏下,将"Number of axes"设置为"2"。表示有两个参数将显示在 Scope 窗口,如图 2.29 所示。

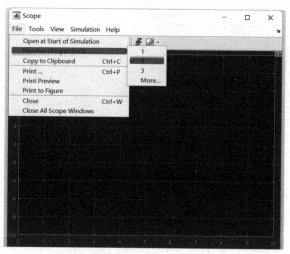

▲图 2.29   Scope 窗口

下面对该设计模型进行仿真。其步骤主要包括:

在 Simulink 主界面的工具栏下,在 Simulation stop time 窗口中输入 45 ns,如图 2.30 所示。

▲图 2.30   Simulation stop time 窗口

在 Simulink 主界面的工具栏下,单击按钮,开始仿真。

在设计界面中,单击 Scope 符号,打开图 2.31 所示的仿真观察窗口,观察运行结果如图 2.31 所示,然后退出 Scope 窗口。

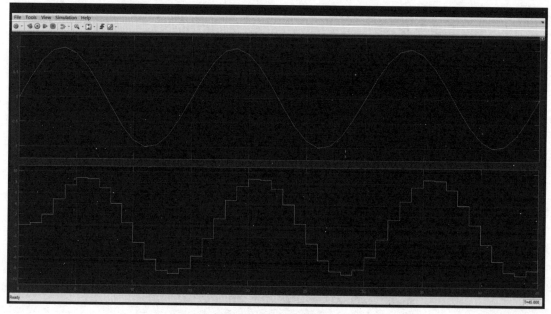

▲图 2.31   仿真观察窗口

2.5.5 生成模型子系统

如图 2.32 所示,用鼠标选中虚线内的区域。

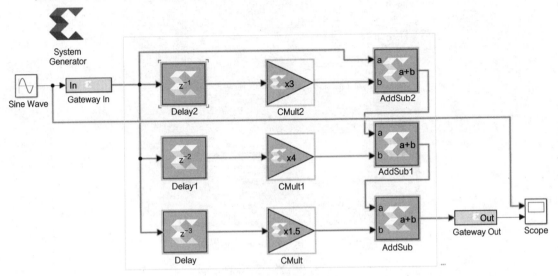

▲图 2.32 选中虚线内区域

在虚线区域内单击鼠标右键,出现浮动菜单,选择"Create Subsystem",如图 2.33 所示,并将最后生成的模型文件命名为 sin_function. slx。

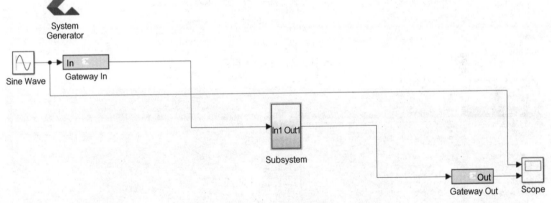

▲图 2.33 生成子系统

模型 HDL 代码的生成和仿真:

在设计界面中,用鼠标双击"System Generator"符号,打开图 2.34 所示的界面。按右侧设置参数。然后,单击"Generate"按钮,生成该模型的 HDL 描述和测试平台。

下面将使用 Vivado 软件打开刚才模型的 HDL 代码和测试平台。

在保存 hdl_netlist 文件的目录下,找到 netlist 目录,用 Vivado 打开 sin_function. xpr,如图 2.35 所示。

图 2.36 给出了打开模型设计 HDL 代码的界面,可以看到该设计模型的 HDL 描述,如图 2.37 所示。

▲图 2.34 System Generator 界面

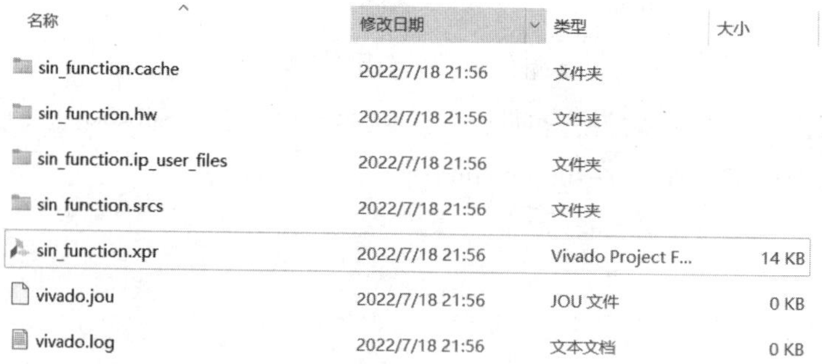

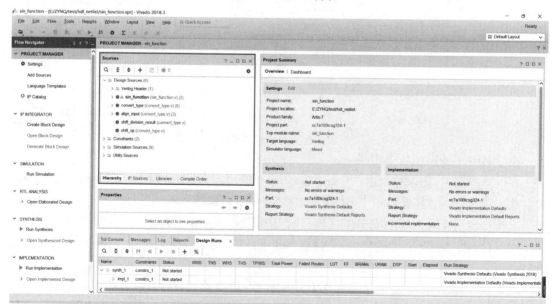

▲图 2.35 netlist 目录

▲图 2.36 HDL 代码界面

▲图 2.37　HDL 描述

执行仿真如图 2.38 所示。

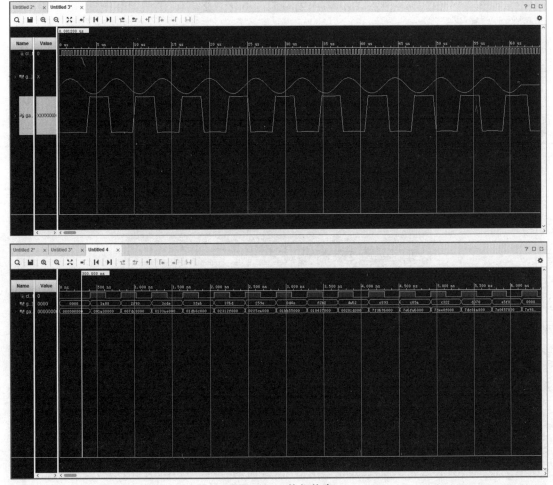

▲图 2.38　执行仿真

3

现代通信综合设计实践平台

"现代通信综合设计实践平台"是由西安邮电大学通信基础实验教学中心研发、设计与生产,能够满足电子信息类专业基础课综合设计实践教学目的的一个平台。该平台采用 DIGILENT Nexys4 DDR 为核心处理单元,配合测试测量模块和 AD-DA/GPIO 模块,能够开展"通信原理""EDA 技术与应用""数字信号信号处理""信号与系统""专业综合课程设计"等系列课程的实践教学工作。

3.1 综合设计实践平台介绍

"现代通信综合设计实践平台"由 FPGA 核心模块、测试测量模块和 AD/DA 与 GPIO 模块组成,如图 3.1 所示。

▲图 3.1 现代通信综合设计实践平台

该实践平台配有 4 通道 8 bit 串行 ADC 和 4 通道 8 bit 串行 DAC 电路,结合 MATLAB/SIMULINK 算法仿真软件和 VIVADO/ISE 开发软件以及 System Generator for DSP(SysGen)算法逻辑软件等开发工具,使用户可以在 SIMULINK 的协同环境下直接进行算法的浮点仿真、FPGA 的定点仿真和逻辑实现等全部工作与流程;借助 SIMULINK 完善的信号产生、观测、分析等工具,可以对 FPGA 片上的信号进行实时分析;同时,该平台还带有 VGA、以太网、音频、

USB 等多种外设和扩展接口,使 FPGA 可以跟 PC 机或者其他外设设备进行通信和数据交互;此外,平台配有 DIGILENT Analog Discovery 2,该模块能够提供双通道示波器、信号源、16 位逻辑分析仪、网络分析仪、频谱分析仪等功能,使计算机配合实验系统能够独立地完成算法仿真、设计、实现、测试及调试的全部环节,摆脱了传统测试仪器设备对实验平台的束缚。

3.1.1 Nexys4 DDR

"现代通信综合设计实践平台"的 FPGA 核心模块采用了 Nexys4 DDR,如图 3.2 所示,这是一款由 DIGILENT(迪芝伦)设计生产的一款 FPGA 平台,作为 XILINX 全球大学计划唯一板卡供应商,DIGILENT 旗下产品丰富,目前 Nexys 系列已经发展到 Artix-7 系列 FPGA。

▲图 3.2 DIGILENT Nexys4 DDR

Nexys4 DDR 采用了 XILINX Artix-7 系列 XC7A100T-1CSG324C FPGA 芯片,平台集成了 128 MB DDR2 内存、串行闪存,Micro SD 接口,USB-UART,10/100 以太网 PHY,12 位 VGA,三轴加速传感器,PDM 麦克风,PWM 音频输出,温度传感器,16 个拨码开关,16 个 LED,2 个三色 LED,5 个用户按键,2 个 4 位数 7 段数码管,4 个 Pmod 接口,如图 3.3 所示(包括 1 个支持 XADC 信号的 Pmod),用于 FPGA 编程和通信的 USB-JTAG 端口,以及用于和主机通信的 USB HID 端口。

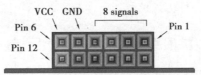

Pmod JA	Pmod JB	Pmod JC	Pmod JD	Pmod XDAC
JA1:C17	JB1:D14	JC1:K1	JD1:H4	JXADC1:A13(AD3P)
JA2:D18	JB2:F16	JC2:F6	JD2:H1	JXADC2:A15(AD10P)
JA3:E18	JB3:G16	JC3:J2	JD3:G1	JXADC3:B16(AD2P)
JA4:G17	JB4:H14	JC4:G6	JD4:G3	JXADC4:B18(AD11P)
JA7:D17	JB7:E16	JC7:E7	JD7:H2	JXADC7:A14(AD3N)
JA8:E17	JB8:F13	JC8:J3	JD8:G4	JXADC8:A16(AD10N)
JA9:F18	JB9:G13	JC9:J4	JC9:G2	JXADC9:B17(AD2N)
JA10:G18	JB10:H16	JC10:E6	JD10:F3	JXADC10:A18(AD11N)

▲图 3.3　DIGILENT Nexys4 DDR Pmod IO 映射图

Nexys4 DDR 兼容 XILINX 最新的高性能设计开发工具 VIVADO 和 ISE,其中提供了 Chip-Scop 和 EDK 支持,能够帮助用户轻松实现设计。

3.1.2　Analog Discovery 2

DIGILENT Analog Discovery 2 是一个迷你型 USB 示波器和多功能仪器,如图 3.4 所示,可以让用户方便地测量、读取、生成、记录和控制各种混合信号电路。作为一款与 Analog Devices 联合开发并且获得 XILINX 大学计划官方支持的便携式产品,Analog Discovery 2 小到可以轻而易举地放进口袋,但功能却强大到足以替代一堆实验室设备。无论是在实验室内还是在实验室以外的任何环境下,Analog Discovery 2 都能够为工科学生、业余爱好者或电子发烧友提供一个随心所欲的基于模拟数字电路开展动手项目的“口袋仪器实验室”。

▲图 3.4　DIGILENT Analog Discovery 2

用户可以通过一根简易的导线探针将 Analog Discovery 2 的模拟和数字输入输出连接到电路。此外,也可以通过 Analog Discovery BNC 适配器和 BNC 探针来达到同样的目的,以调用这些模拟/数字输入输出接口。Analog Discovery 2 通过 WaveForms 2015(兼容 Mac、Linux 和 Windows)软件被配置成任意一种传统仪器。

3.1.3　AD-DA/GPIO 功能扩展板

AD-DA/GPIO 功能扩展板主要由两部分组成,如图 3.5 所示,第一部分是 AD-DA 功能扩展部分,第二部分是 GPIO 功能扩展部分。

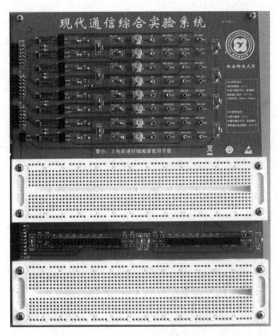

▲图 3.5　AD-DA/GPIO 功能扩展板

　　AD-DA 功能扩展模块从上至下依次对应了 ADC1、DAC1、ADC2、DAC2、ADC3、DAC3、ADC4、DAC4。上述 ADC 和 DAC 的驱动端口分别与 Nexys4 DDR 开发板的 JXADC、JA、JB 三组 Pmod 连接,IO 映射关系见表 3.1。ADC 采用了 TI 公司的 8 位串行芯片 ADC081s021,DAC 采用了 TI 公司的 8 位串行芯片 DAC081s101。

表 3.1　AD-DA IO 映射关系表

ADC1_IO		DAC1_IO	
ADC1_SCLK	A13	DAC1_SCLK	A14
ADC1_CS	A15	DAC1_SYNC	A16
ADC1_Dout	B16	DAC1_Din	B17
ADC2_IO		DAC2_IO	
ADC2_SCLK	B18	DAC2_SCLK	A18
ADC2_CS	C17	DAC2_SYNC	D17
ADC2_Dout	D18	DAC2_Din	E17
ADC3_IO		DAC3_IO	
ADC3_SCLK	E18	DAC3_SCLK	F18
ADC3_CS	G17	DAC3_SYNC	G18
ADC3_Dout	D14	DAC3_Din	E16
ADC4_IO		DAC4_IO	
ADC4_SCLK	F16	DAC4_SCLK	F13
ADC4_CS	G16	DAC4_SYNC	G13
ADC4_Dout	H14	DAC4_Din	H16

　　GPIO 功能扩展模块将 Nexys4 DDR 的 JC 和 JD 两组 Pmod 引出至两块面包板中间位置，两组扩展 IO 在对应位置上标记的对应 FPGA 的 IO、VCC 以及 GND，此处共引出 16 个 FPGA IO(图 3.3)，可供数字逻辑类实验使用。

3.2　平台的开发软件环境搭建

　　现代通信综合设计实践平台的开发软件环境主要包括了 MATLAB、VIVADO、WaveForms 和 Adept。下面将介绍软件具体的安装步骤和匹配过程。

3.2.1　MATLAB 2016b

setup

▲图 3.6　setup

　　MATLAB 是美国 MathWorks 公司出品的商业数学软件，用于算法开发、数据可视化、数据分析以及数值计算的高级技术计算语言和交互式环境，主要包括 MATLAB 和 SIMULINK 两大部分。基于现代通信综合实验系统的设计开发主要使用 SIMULINK 环境，MATLAB 2016b 的安装过程如下。

　　①双击如图 3.6 所示 setup 图标。

　　②如图 3.7 所示，选择"使用文件安装秘钥"，单击"下一步"。

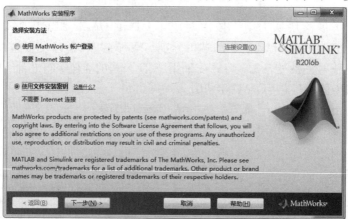

▲图 3.7　MATLAB 2016b 安装 1

　　③如图 3.8 所示，选择"是"，单击"下一步"。

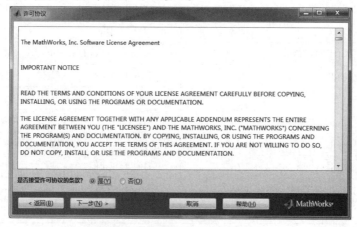

▲图 3.8　MATLAB 2016b 安装 2

④如图 3.9 所示,选择"我已有我的许可证的文件安装秘钥",输入秘钥:09806-07443-53955-64350-21751-41297,单击"下一步"。

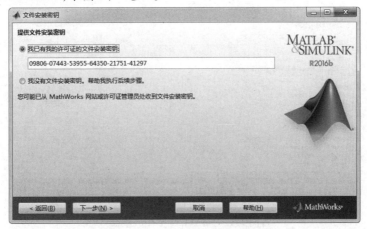

▲图 3.9 MATLAB 2016b 安装 3

⑤如图 3.10 所示,选择安装路径,单击"下一步"。

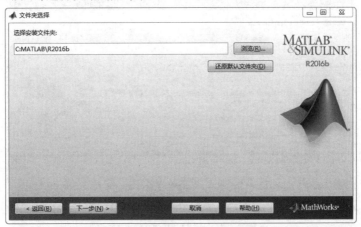

▲图 3.10 MATLAB 2016b 安装 4

⑥如图 3.11 所示,单击"下一步"。

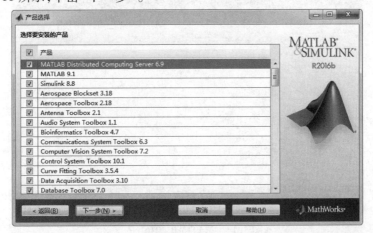

▲图 3.11 MATLAB 2016b 安装 5

⑦如图 3.12 所示,单击"安装"。

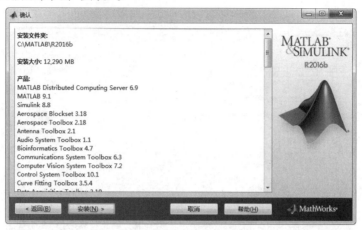

▲图 3.12　MATLAB 2016b 安装 6

⑧如图 3.13 所示,安装完成单击"下一步"。

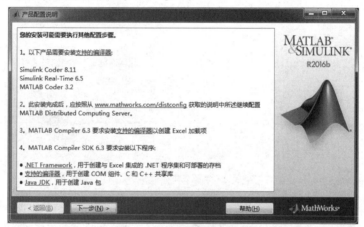

▲图 3.13　MATLAB 2016b 安装 7

⑨如图 3.14 所示,单击"完成",至此 MATLAB 2016b 安装完成。

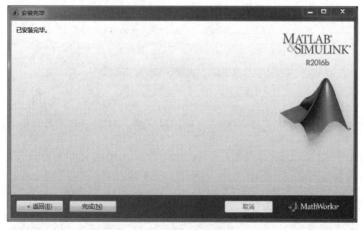

▲图 3.14　MATLAB 2016b 安装 8

⑩激活：双击运行 MATLAB 2016b，如图 3.15 所示，选择"在不使用 Internet 的情况下手动激活"，单击"下一步"。

▲图 3.15 MATLAB 2016b 激活 1

⑪如图 3.16 所示，单击"浏览"，添加"license_standalone. lic"文件，单击"下一步"。

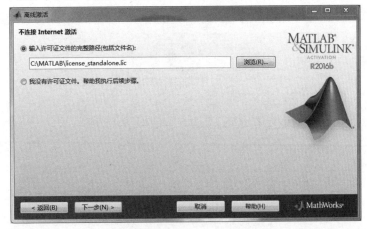

▲图 3.16 MATLAB 2016b 激活 2

⑫如图 3.17 所示，单击"完成"，至此 MATLAB 2016b 激活完成。

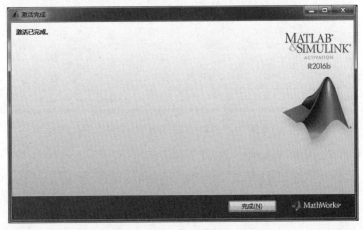

▲图 3.17 MATLAB 2016b 激活 3

3.2.2　VIVADO 2017.2

VIVADO 是 XILINX 公司 2012 年发布的集成设计环境,包括高度集成的设计环境和新一代从系统到 IC 级的工具。VIVADO 工具把各类可编程技术结合在一起,能够扩展多达 1 亿个等效 ASIC 门的设计。现代通信综合实验系统的设计开发需要用到 VIVADO 中的 SysGen for DSP 工具,它是内嵌在 SIMULINK 环境下的 XILINX FPGA 高级算法开发环境,具有设计高效实用方便的特点。下面将介绍 VIVADO 2017.2 的安装方法。

①如图 3.18 所示,双击 xsetup 图标。

xsetup

▲图 3.18　VIVADO 2017.2 安装 1

②如图 3.19 所示,单击"Next"。

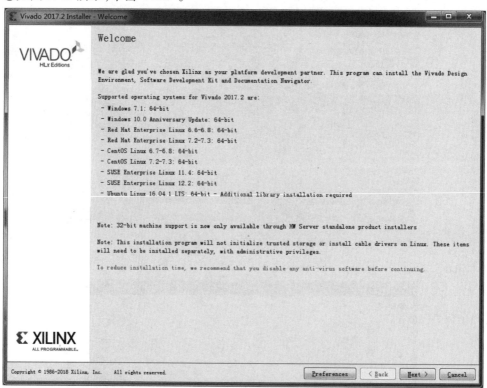

▲图 3.19　VIVADO 2017.2 安装 2

③如图 3.20 所示,勾选"I Agree",单击 Next。

④如图 3.21 所示,选择"Vivado HL System Edition",单击"Next"。

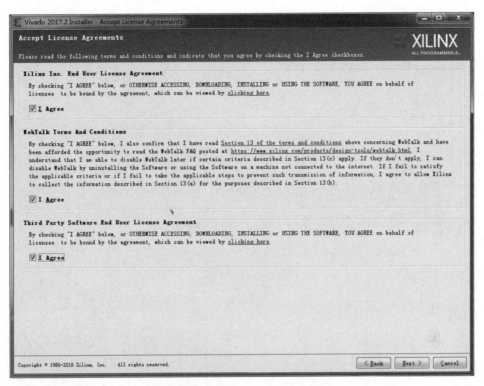

▲图 3.20　VIVADO 2017.2 安装 3

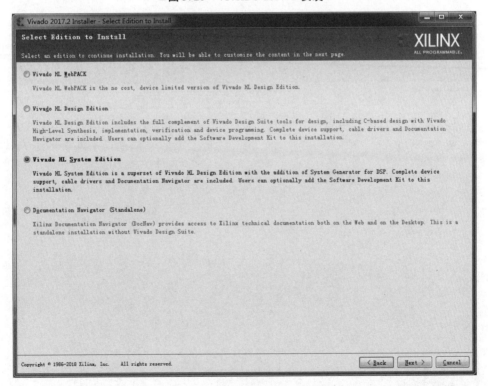

▲图 3.21　VIVADO 2017.2 安装 4

⑤如图 3.22 所示,全部勾选,单击"Next"。

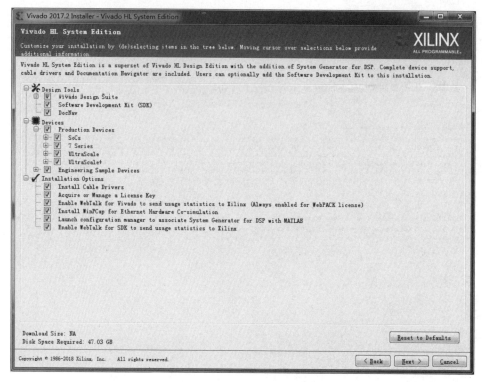

▲图 3.22　VIVADO 2017.2 安装 5

⑥如图 3.23 所示，单击"Next"。

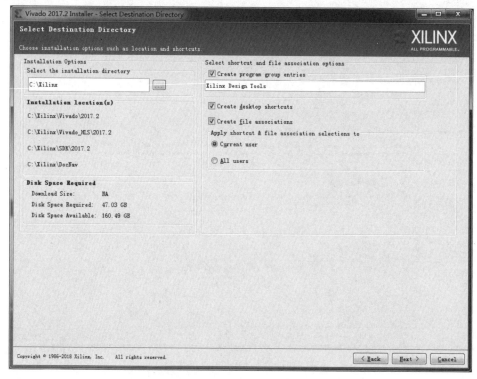

▲图 3.23　VIVADO 2017.2 安装 6

⑦如图 3.24 所示,单击"Next"。

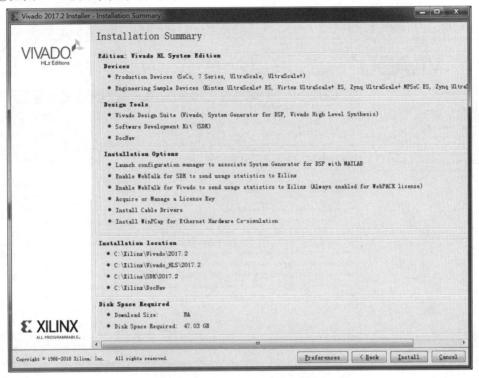

▲图 3.24　VIVADO 2017.2 安装 7

⑧如图 3.25 所示,单击"Install"。

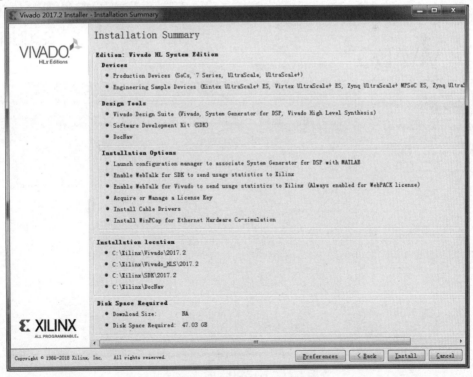

▲图 3.25　VIVADO 2017.2 安装 8

⑨如图 3.26 所示，选择"Load License"。

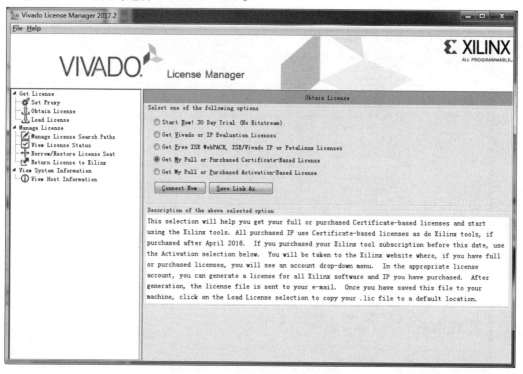

▲图 3.26　VIVADO 2017.2 安装 9

⑩如图 3.27 所示，单击"Copy License"，选择"lic"文件。

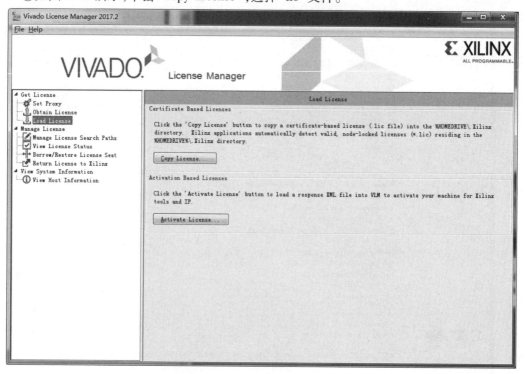

▲图 3.27　VIVADO 2017.2 安装 10

⑪VIVADO 2017.2 和 MATLAB 2016b 的关联,如图 3.28 所示,在开始菜单选择"Xilinx Design Tools",再选择"Vivado 2017.2",再选择"SysGen",再选择"SysGen 2017.2 MATLAB Configurator"勾选匹配即可。

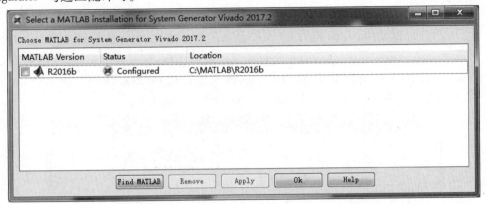

▲图 3.28　VIVADO 2017.2 和 MATLAB 2016b 的关联

3.2.3　WaveForms 与 Adept

1）WaveForms

WaveForms 能够无缝对接 DIGILENT Analog Discovery 2,最新版本同时能够支持 Mac OS X 与 Linux。搭配硬件仪器,WaveForms 能够帮助用户基于 PC 轻松实现各类模拟与数字电路设计。WaveForms 的安装非常简单,如图 3.29 所示,双击"digilent. waveforms_v3.7.5"图标,按照提示安装即可。WaveForms 的启动界面如图 3.30 所示,简洁易用,使用者能够非常方便地通过软件的图形化界面来操作各类仪器,以观察、获得、存储、分析、创建并重新调出使用各种模拟及数字信号。

digilent.wavefor ms_v3.7.5

▲图 3.29　WaveForms 的安装

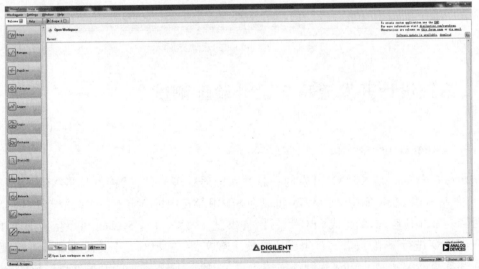

▲图 3.30　WaveForms 的启动界面

▲图 3.31　Adept
的安装

2）Adept

Adept 是 DIGILENT 设计开发的一款 FPGA 下载软件,DIGILENT 旗下的 Basys、Nexys、Zybo 等全系列采用 XILINX FPGA(含 ZYNQ)开发板都可以使用 Adept 进行 bit 文件下载。Adept 的安装非常简单,如图 3.31 所示,双击"digilent. adept. system_v2.17.1"图标,按照提示安装即可。

Adept 的启动界面如图 3.32 所示,由于 Adept 只能针对 DIGILENT 开发板下载 bit 文件,所以通常情况下最通用的方法还是使用 VIVADO 提供的下载工具。

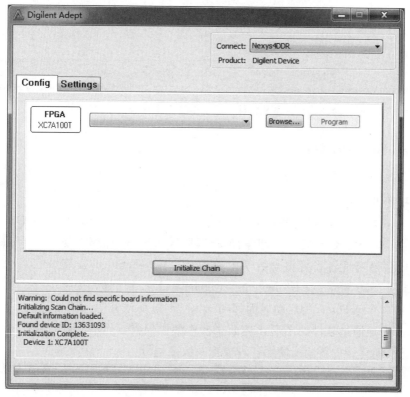

▲图 3.32　Adept 的启动界面

3.3　系统设计开发流程与设计验证测试

3.3.1　System Generator for DSP

System Generator 是 XILINX 开发的一款数字信号处理软件,其特点是将 XILINX 开发的 IP 模块嵌入 SIMULINK 库中,使 FPGA 可以在 SIMULINK 中进行定点仿真,并与 SIMULINK 本身的浮点仿真相比较,协助完成 FPGA 设计,提供设计效率,并且 SysGen 可以生成 HDL 网表,通过 VIVADO 进行调用,或者直接生成比特流下载文件,在 FPGA 开发板上直接进行硬件仿真而不需要重新编译成 Verilog 等硬件描述语言,加快了 DSP 系统的开发速度。SysGen 的功能地位如图 3.33 所示。

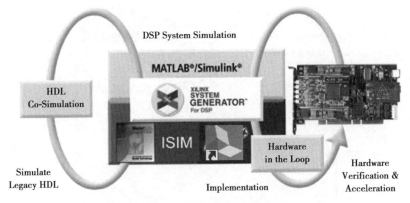

▲图 3.33　SysGen 的功能地位

由于 SysGen 是内嵌在 MATLAB/SIMULINK 当中的,这里建议选择 MathWorks 公司的 MATLAB 2016b,以及 XILINX 公司的 VIVADO 开发工具。在安装过程中建议先安装 MATLAB 2016b,然后再安装 VIVADO 2017.2,在安装过程中系统会自动提示要求进行 MATLAB 和 Sys-Gen 的关联匹配,完成关联后在 MATLAB/SIMULINK 中就可以看到 SysGen 的相关模块库了。

SysGen 实际上是 MATLAB/SIMULINK 与 VIVADO 之间的桥梁,它能够将复杂的 FPGA 设计过程转化为相对简单的 SIMULINK 系统建模,并通过 SysGen 设置 FPGA 对应的 IO 完成所需要的设计。在每一个基于 SysGen 的设计当中都必须包含"SysGen"模块,如图 3.34 所示。设计人员在该模块中可以选择生成的文件形式(如 HDL 网表等)、器件类型、FPGA 时钟、系统仿真时间等内容,双击该模块会弹出如图 3.35—图 3.37 所示的对话框。

System Generator

▲图 3.34　SysGen 模块

▲图 3.35　SysGen Compilation

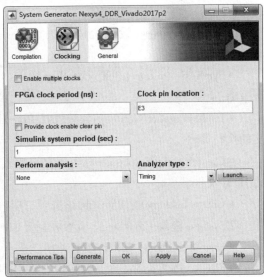

▲图 3.36　SysGen Clocking

▲图 3.37　SysGen General

1）SysGen 模块参数

①SysGen 模块 Compilation 选项参数配置如图 3.35 所示。

●Board：选择对应的 XILINX 开发板，因为列表中没有 Nexys 4 DDR，所以该选项选择 None。

●Part：选择使用的 FPGA 芯片型号，这里选择 Artix7 xc7a100t-1csg324。

●Compilation：设定编译类型，决定 SysGen 代码生成类型，选择 HDL Netlist。

●Hardware description language：设计过程中可以选择的硬件描述语言，可以选择 Verilog 或者 VHDL。

●Target directory：设计生成相关文件所在路径，默认路径在 MATLAB 工作路径下的 netlist 文件夹。

●Synthesis strategy：如果选择 PlanAhead 项目类型，可在其下拉列表中选择预先定义的综合策略。

●Implementation strategy：如果选择 PlanAhead 项目类型，可在其下拉列表中选择预先定义的执行策略。

●Createinterface document：当此复选框被选中时，系统生成器创建一个描述设计网络表的 HTM 文件。

●Create testbench：如果选择该选项，则生成一个 HDL 测试激励文件。

②SysGen 模块 Clocking 选项参数配置如图 3.36 所示。

●Enable multiple clocks：多时钟使能选项。

●FPGA clock period：设定 FPGA 时钟周期，单位：纳秒（ns），默认为 10 ns，即 FPGA 工作在 100 MHz。

●Clock pin location：定义 FPGA 时钟管脚位置，此处设置为 E3，该管脚为 Nexys4 DDR 的时钟端口，详见 Nexys4 DDR 数据手册。

● Provide clock enable clear pin：在 SysGen 顶层设计中增加一个时钟端口 ce_clr，该信号用于复位系统时钟。

● Simulink system period(sec)：定义 Simulink 系统仿真周期，单位：秒(s)。

● Perform analysis：执行分析。

● Analyzer type：分析类型。

③SysGen 模块 General 选项参数配置如图 3.37 所示。

● Block icon display：定义 Simulink 中 SysGen 模块的显示风格。

在利用 SysGen 进行设计时处理必须有 SysGen 模块，如果需要从外部获取数据需用到 Gateway In 模块，如果需要将 FPGA 处理完的数据传输出去需要用到 Gateway Out 模块。

2）Gateway In 模块参数

Gateway In 模块图标及参数设置界面如图 3.38—图 3.40 所示。

▲图 3.38　Gateway In 模块

▲图 3.39　Gateway In 模块 Basic 设置

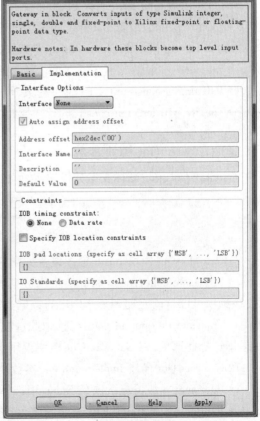

▲图 3.40　Gateway In 模块 Implementation 设置

①Gateway In 模块 Basic 参数设置配置如图 3.39 所示。

- Output Type:输出数据类型,可以是 Boolean 布尔型数、Fixed-point 定点数和 Floating-point 浮点数。
- Arithmetic type:当输出类型被指定为定点数,此时可以选择有符号数 Signed 或者无符号数 Unsigned。
- Fixed-point Precision:定点数精度,见表 3.2。

表 3.2　Fixed-point Precision 选项

Number of bits	指定二进制数据长度
Binary point	指定二进制数据小数点位置

- Floating-point Precision:当 Output type 选项选择 Floating-point 时,该选项可以选择 Signal、Double 和 Custom,其中单精度数据不超过 32 bit、双精度数据不超过 64 bit,选择 Custom 时可以指定宽度指数(Exponent width)和分数宽度(Fraction width)。
- Quantization:该选项完成量化功能,由于存在量化误差,所以 Truncate 表示截断,Round 表示四舍五入。
- Overflow:该选项用来描述溢出情况,饱和(Saturate)得到绝对值最大的正/负数,环绕(Wrap)直接丢弃高位 bits,或者 Flag as error。
- Sample period:设置 Gateway In 模块的采样周期。

②Gateway In 模块 Implementation 参数设置配置如图 3.40 所示。

- Interface:一般情况下选择 None,当选择 AXI4-Lite 时可进行自动分配偏移地址。
- IOB timing constraint:IOB 时序约束,可选 None 或 Date rate。
- Specify IOB location constraints:选择此选项后可以配置对应的 FPGA 端口。

3)Gateway Out 模块参数

Gateway Out 模块图标及参数设置界面如图 3.41—图 3.43 所示。

▲图 3.41　Gateway Out 模块

①Gateway Out 模块 Basic 参数设置如图 3.42 所示。

- Propagate data type to output:输出数据类型,当把 SysGen 作为 SIMULINK 设计的一部分时,该选项可以自动匹配 SIMULINK 的数据类型。
- Translate into output port:当选中此选项时 Gateway out 可以作为 FPGA 输出端口使用,如果不选择此选项,则 Gateway Out 模块仅用于调试过程。

②Gateway Out 模块 Implementation 参数设置如图 3.43 所示。

- Interface:一般情况下选择 None,当选择 AXI4-Lite 时可进行自动分配偏移地址。
- IOBtiming constraint:IOB 时序约束,可选 None、Data Rate 或者 Data Rate,Set 'FAST' Attribute。
- Specify IOB location constraints:选择此选项后可以配置对应的 FPGA 端口。

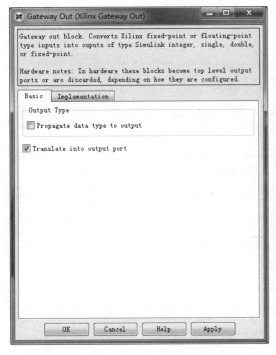

▲图 3.42 Gateway Out 模块 Basic 设置

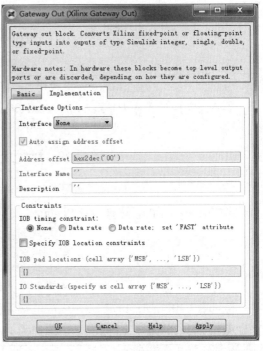

▲图 3.43 Gateway Out 模块 Implementation 设置

3.3.2 VIVADO 生成 bit 文件

在 SysGen 环境下完成设计后双击该图标,单击 Generator 就可以生成相应的 VIVADO 工程。下面将介绍如何使用 VIVADO 生成 bit 文件。

①首先在 SysGen 生成的文件路径下,例如:D:\……\am_sysgen\netlist\ hdl_netlist,双击 VIVADO 图标,打开 VIVADO 工程如图 3.44 所示。

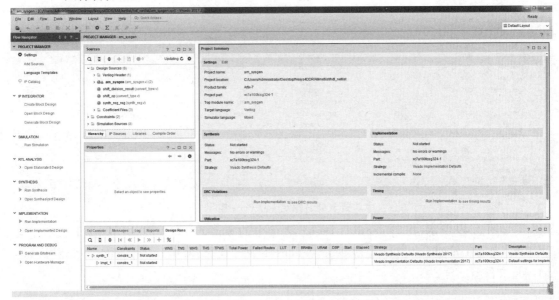

▲图 3.44 启动 VIVADO

②VIVADO 启动完成后单击运行“Run Synthesis”，如图 3.45 所示。

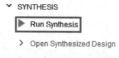

▲图 3.45　Run Synthesis

③综合完成后单击“Open Synthesized Design”(分析和约束综合后网表)，如图 3.46 所示。

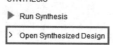

▲图 3.46　Open Synthesized Design

④如图 3.47 所示，选择 I/O Planing。

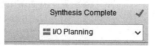

▲图 3.47　**选择** I/O Planing

⑤如图 3.48 所示，指定 I/O Ports 电平并保存(Ctrl+S)，这里需要说明的是需要在 clk 选项输入 E3，同时将每个 IO 的电平值选择为 LVCOMS33。

Tcl Console | Messages | Log | Reports | Design Runs | Package Pins | I/O Ports

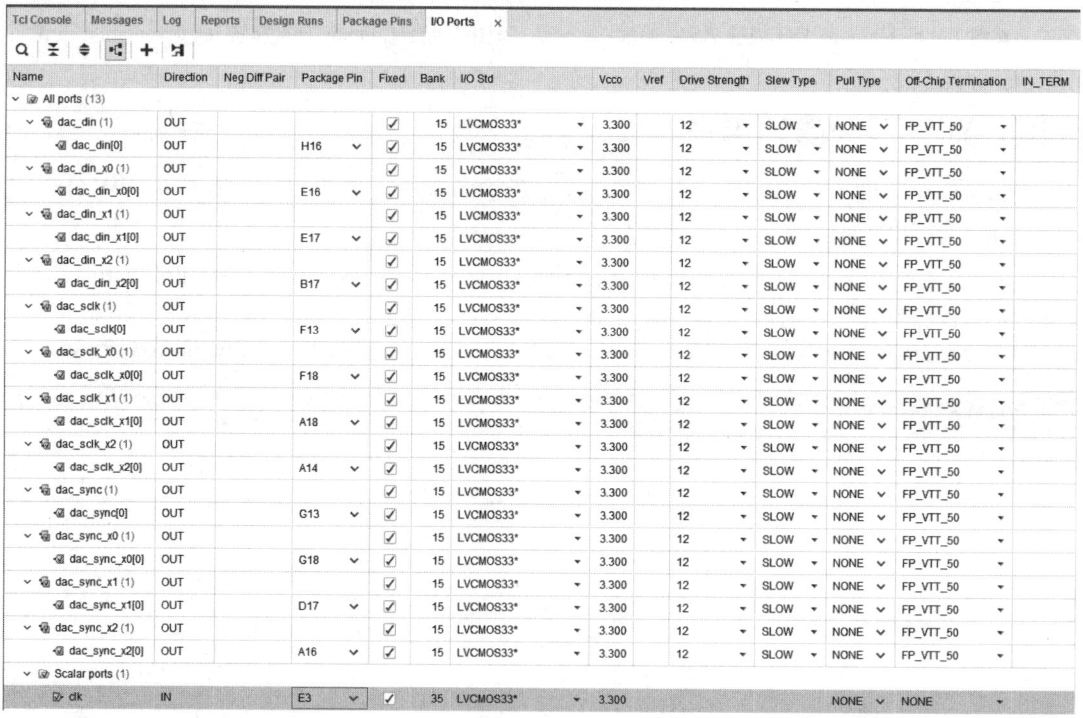

Name	Direction	Neg Diff Pair	Package Pin	Fixed	Bank	I/O Std	Vcco	Vref	Drive Strength	Slew Type	Pull Type	Off-Chip Termination	IN_TERM
All ports (13)													
dac_din (1)	OUT			✓	15	LVCMOS33*	3.300		12	SLOW	NONE	FP_VTT_50	
dac_din[0]	OUT		H16	✓	15	LVCMOS33*	3.300		12	SLOW	NONE	FP_VTT_50	
dac_din_x0 (1)	OUT			✓	15	LVCMOS33*	3.300		12	SLOW	NONE	FP_VTT_50	
dac_din_x0[0]	OUT		E16	✓	15	LVCMOS33*	3.300		12	SLOW	NONE	FP_VTT_50	
dac_din_x1 (1)	OUT			✓	15	LVCMOS33*	3.300		12	SLOW	NONE	FP_VTT_50	
dac_din_x1[0]	OUT		E17	✓	15	LVCMOS33*	3.300		12	SLOW	NONE	FP_VTT_50	
dac_din_x2 (1)	OUT			✓	15	LVCMOS33*	3.300		12	SLOW	NONE	FP_VTT_50	
dac_din_x2[0]	OUT		B17	✓	15	LVCMOS33*	3.300		12	SLOW	NONE	FP_VTT_50	
dac_sclk (1)	OUT			✓	15	LVCMOS33*	3.300		12	SLOW	NONE	FP_VTT_50	
dac_sclk[0]	OUT		F13	✓	15	LVCMOS33*	3.300		12	SLOW	NONE	FP_VTT_50	
dac_sclk_x0 (1)	OUT			✓	15	LVCMOS33*	3.300		12	SLOW	NONE	FP_VTT_50	
dac_sclk_x0[0]	OUT		F18	✓	15	LVCMOS33*	3.300		12	SLOW	NONE	FP_VTT_50	
dac_sclk_x1 (1)	OUT			✓	15	LVCMOS33*	3.300		12	SLOW	NONE	FP_VTT_50	
dac_sclk_x1[0]	OUT		A18	✓	15	LVCMOS33*	3.300		12	SLOW	NONE	FP_VTT_50	
dac_sclk_x2 (1)	OUT			✓	15	LVCMOS33*	3.300		12	SLOW	NONE	FP_VTT_50	
dac_sclk_x2[0]	OUT		A14	✓	15	LVCMOS33*	3.300		12	SLOW	NONE	FP_VTT_50	
dac_sync (1)	OUT			✓	15	LVCMOS33*	3.300		12	SLOW	NONE	FP_VTT_50	
dac_sync[0]	OUT		G13	✓	15	LVCMOS33*	3.300		12	SLOW	NONE	FP_VTT_50	
dac_sync_x0 (1)	OUT			✓	15	LVCMOS33*	3.300		12	SLOW	NONE	FP_VTT_50	
dac_sync_x0[0]	OUT		G18	✓	15	LVCMOS33*	3.300		12	SLOW	NONE	FP_VTT_50	
dac_sync_x1 (1)	OUT			✓	15	LVCMOS33*	3.300		12	SLOW	NONE	FP_VTT_50	
dac_sync_x1[0]	OUT		D17	✓	15	LVCMOS33*	3.300		12	SLOW	NONE	FP_VTT_50	
dac_sync_x2 (1)	OUT			✓	15	LVCMOS33*	3.300		12	SLOW	NONE	FP_VTT_50	
dac_sync_x2[0]	OUT		A16	✓	15	LVCMOS33*	3.300		12	SLOW	NONE	FP_VTT_50	
Scalar ports (1)													
clk	IN		E3	✓	35	LVCMOS33*	3.300				NONE	NONE	

▲图 3.48　**指定** I/O Ports **电平**

⑥如图 3.49 所示，在 Synthesized Design 界面中的 Sources-Constraints-constrs_1 选项中会看到 am_sysgen_clock. xdc 和 am_sysgen. xdc(target)两个文件，其中 am_sysgen. xdc 是默认 target. xdc 文件。

▲图 3.49 选择 target. xdc 文件

⑦双击打开 am_sysgen. xdc(target)文件,并在该文件最后添加

set_property SEVERITY {Warning}[get_drc_checks NSTD-1]

set_property SEVERITY {Warning}[get_drc_checks UCIO-1]

后并保存,如图 3.50 所示。

▲图 3.50 修改 target. xdc 文件

⑧单击运行 Run Synthesis,再次进行综合。

⑨然后进行实现 Implementation,如图 3.51 所示,单击运行 Run Implementation。

⑩接下来进行选择"PROGRAM AND DEBUG 选项",如图 3.52 所示单击"Generate Bitstream"生成 bit 文件。

▲图 3.51 Run Implementation　　▲图 3.52 Generate Bitstream

3.3.3 bit 文件下载

1) 使用 VIVADO 下载 bit 文件

①给系统上电,如图 3.53 所示,单击"Open Hardware Manager",选择"OpenTarget"。

②如图 3.54 所示,单击"Program device",在弹出的对话框中,如图 3.55 所示,单击"Program",将 bit 文件下载到 Nexys4 DDR 中。

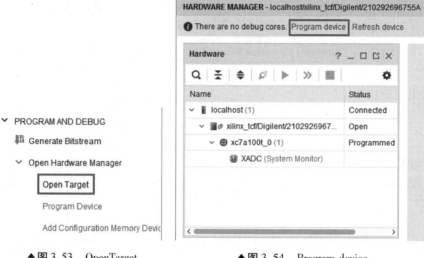

▲图 3.53 OpenTarget   ▲图 3.54 Program device

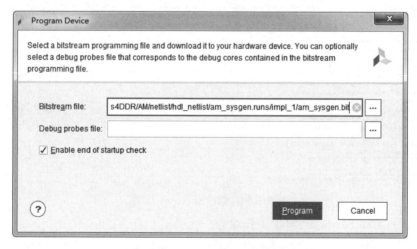

▲图 3.55 下载 Bit 文件

2) 使用 Adept 下载 bit 文件

①给系统上电,双击打开 Adept 软件,如图 3.56 所示,就可以在 Connect 选项看到 Nexys4 DDR。

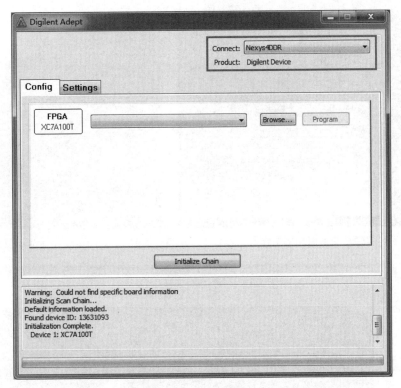

▲图 3.56   Adept 启动界面

②单击 Browse,选中需要下载的 bit 文件,这里需要说明的是,生成的 bit 文件在默认路径的 D:\……\netlist\hdl_netlist\am_nexys4ddr.runs\impl_1 文件夹下。

③选中 bit 文件后单击"Program"就可以将 bit 文件下载至开发板里。

3.3.4   设计测试与验证

1）使用传统的仪器测试

将 bit 文件下载至开发板后就可以进行系统测试了,在 AD-DA/GPIO 功能扩展板横向上分布着 ADC 和 DAC 的数据测试端口。其中纵向排列的两组 4 个测试弯钩为 GND,示波器探头的 GND 需要与之连接;纵向排列的一组 8 个弯钩、SMA 和测试孔用来作为着 ADC 和 DAC 的数据输入和输出端口,三者是并联关系,能够满足不同仪器接口测试的需要;后面的一组 8×3 测试孔分别对应着 ADC 和 DAC 的时钟、同步、片选等端口,AD-DA/GPIO 功能扩展板上已经标记了对应的端口名称。示波器测试示意图如图 3.57 所示。

2）使用 Analog Discovery 2 进行测试

使用 Analog Discovery 2 进行测试的方法与使用普通仪器测试的方法类似,首先将实验系统配套的 SMA 连接线与 Analog Discovery 2 扩展子板连接,其中 W1 和 W2 为信号发生器接口,1+和 2+为示波器接口。连好 SMA 连接线启动 WaveForms 后的信号发生器和示波器,测试界面如图 3.58—图 3.60 所示。

▲图 3.57　示波器测试示意图

▲图 3.58　Analog Discovery 2 测试示意图

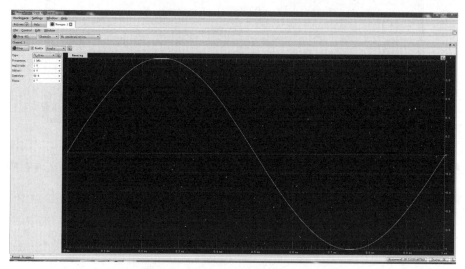

▲图 3.59　Analog Discovery 2 信号发生器

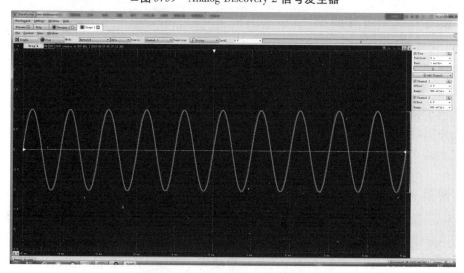

▲图 3.60　Analog Discovery 2 示波器

4

信号与系统基础设计实践

4.1 基于 ROM 的信号发生器设计

1）信号发生器原理

信号发生器又称信号源,在生产实践和科技领域中有着广泛的应用,是一种能提供各种频率、波形和输出电平电信号的设备。本节主要介绍一种利用 FPGA 设计任意信号发生器的方法。

信号发生器的基本原理并不复杂,利用查找表法就可以实现,如图 4.1 所示。

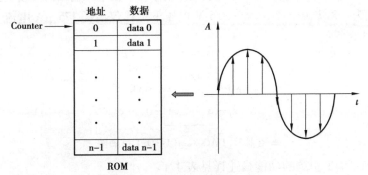

▲图 4.1 信号发生器的基本原理

第一步,计算出待产生信号随时间变化的幅度值,并将其存储在 ROM 中。如果产生周期信号,存储一个完整周期的数据值即可。

第二步,使用计数器 Counter 进行累加计数,计数步长可以调整。

第三步,以 Counter 计数值为 ROM 地址,读取对应地址存储的数据就可以产生相应的数据。

2）基于 FPGA 的信号发生器结构

使用 XILINX FPGA 开发工具 Vivado 中的 SysGen(SysGen)工具在 SIMULINK 环境下可以方便地设计计数器 Counter 模块和存储器 ROM 模块,但是由于 FPGA 本身是数字器件,不能直接将信号输出至模拟域,需要数模转化模块配合 FPGA 才能产生模拟信号,具体结构如图 4.2 所示。因此,基于 FPGA 的信号发生器包含两部分内容,即利用 ROM 产生信合和使用 FPGA 驱动 DAC 芯片。

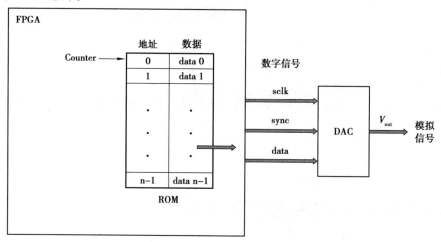

▲图 4.2　基于 FPGA 的信号发生器结构

3）DAC 驱动设计

（1）DAC081s101 技术指标

现代通信综合实验系统中 AD/DA 扩展板选用的数模转换是芯片是 TI 公司生产的 8 位微功耗数模转换器 DAC081s101,是一种全功能、通用的串行 8 位电压输出的数模转换器,其单端电源工作电压范围为:+2.7 ～ +5.5 V。在 3.6 V 电压下工作仅消耗 175 μA 电流。DAC081s101-TOST 引脚如图 4.3 所示。

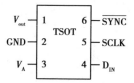

▲图 4.3　DAC081s101-TOST 引脚图

DAC081s101-TOST 引脚的功能描述详见表 4.1。

表 4.1　DAC081s101-TOST 引脚的功能描述

符　号	引　脚	描　　述
V_{OUT}	1	DAC 模拟输出电压
GND	2	对于所有电路的接地参考
V_A	3	电源和参考输入,需解耦至 GND
D_{IN}	4	串行数据输入。在 $\overline{SYNC}$ 信号下降以后,在 SCLK 信号的始终下降沿,数据被输入 16 位移位寄存器中
SCLK	5	串行时钟输入。在此信号的下降沿,数据被输入移位寄存器中

续表

符　号	引　脚	描　述
$\overline{\text{SYNC}}$	6	数据输入的帧同步输入。当此管脚信号拉低,它能使输入移位寄存器的数据在 SCLK 时钟的下降沿被转移。DAC 在第 16 个时钟周期被更新,当 $\overline{\text{SYNC}}$ 信号在第 16 个时钟前被拉高,则 $\overline{\text{SYNC}}$ 的上升沿被视为一个中断,此时写入序列被 DAC 忽略

DAC081s101 工作电压详见表 4.2,该款 DAC 是采用 CMOS 工艺制造,由开关和电阻串联后经缓冲器输出。电源电压器作为基准电压。输入的编码是二进制文件,输出电压由式 4.1 确定。

$$V_{\text{OUT}} = V_{\text{A}} \times (D/256) \tag{4.1}$$

表 4.2　DAC081s101 工作电压

工作温度范围	$-40\ ℃ \leqslant T_{\text{A}} \leqslant +105\ ℃$
电源电压	$+2.7 \sim +5.5\ V$
任意输入电压	$-0.1\ V\ \text{to}\ (V_{\text{A}} + 0.1\ V)$
输出负载	$0 \sim 1\ 500\ pF$
SCLK 频率	Up to 30 MHz

(2)DAC081s101 时序关系

在配置 DAC081s101 芯片时需要注意串行输入时钟 SCLK 和帧同步信号 $\overline{\text{SYNC}}$ 之间的时序关系,如图 4.4 所示。正常情况下,$\overline{\text{SYNC}}$ 信号保持低电平至少到 SCLK 信号的 16 个下降沿,同时 DAC 在 SCLK 信号的第 16 个下降沿进行更新。如果当 $\overline{\text{SYNC}}$ 信号在 SCLK 信号的第 16 个下降沿之前拉高,移位寄存器被复位且写序列无效。DAC 寄存器不会被更新,工作模式或者输出电压没有改变。

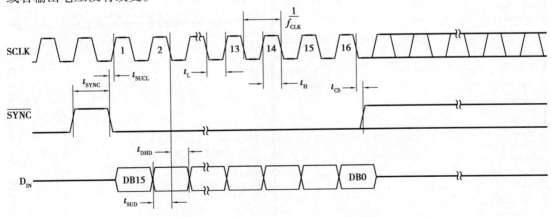

▲图 4.4　SCLK、SYNC 和 D_{IN} 管脚时序图

输入移位寄存器共有 16 位,前 2 位是无关位,3~4 位决定了器件的工作模式,串行输入寄存器的内容在 SCLK 的第 16 个下降沿转移到 DAC 寄存器。输入寄存器的结构如图 4.5 所示。

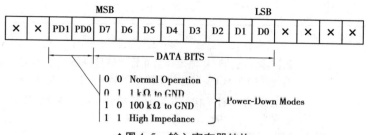

▲图 4.5　输入寄存器结构

（3）DAC081s101 时钟端口 SCLK 驱动（图 4.6）

DAC081s101 采用串行时钟输入，芯片的串行时 SCLK 可高达 30 MHz，这里将 SCLK 设置为 2 MHz，Counter 的采样周期为 25，计算方法参考下文（4）中式（4.2）。

▲图 4.6　DAC081s101 时钟端口 SCLK 驱动

Counter 模块配置如图 4.7 所示。

- Counter type 选择"Free running"；
- Count direction 选择"Up"；
- Initial value 输入"1"；
- Step 输入"1"；
- Output type 选择"Unsigned"；
- Number of bits 输入"1"；
- Binary point 输入"0"；
- Explicit period 输入"25"。

DAC_SCLK 模块即 Gateway Out 模块，按照图 4.8 配置好 IOB 即可。

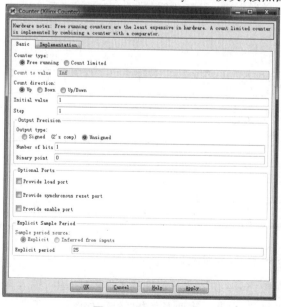

▲图 4.7　Counter 界面

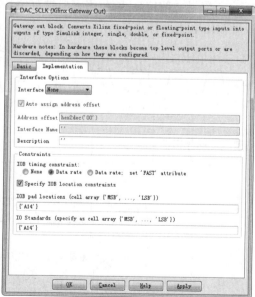

▲图 4.8　DAC_SCLK 界面

（4）DAC081s101 同步端口 $\overline{\text{SYNC}}$ 驱动

为了使经过 FPGA 内部处理所得的结果通过并串转换后能够满足时序的要求,两个 $\overline{\text{SYNC}}$ 高脉冲之间相隔不少于 16 个时钟（SCLK）周期。因此,$\overline{\text{SYNC}}$ 信号计数器的采样周期 Explicit period 为 SCLK 的 2 倍,即 50。这里为了方便计算,Counter 模块计数到 19 时产生高脉冲,设计如图 4.9 所示。

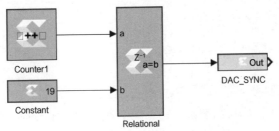

▲图 4.9   DAC081s101 同步端口 $\overline{\text{SYNC}}$ 驱动

Counter1 模块配置如图 4.10 所示。

- Counter type 选择"Count limited";
- Count to value 输入"19";
- Count direction 选择"Up";
- Initial value 输入"1";
- Step 输入"1";
- Output type 选择"Unsigned";
- Number of bits 输入"5";
- Binary point 输入"0";
- Explicit period 输入"50"。

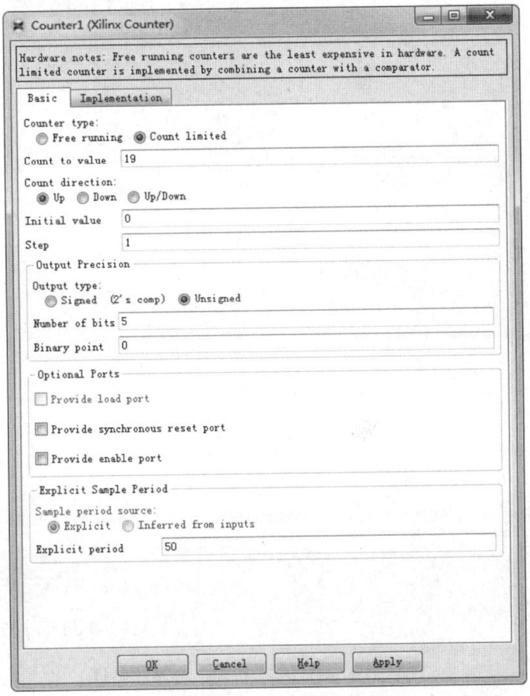

Constant 模块配置如图 4.11 所示。

- Constant value 输入"19";
- Output type 选择"Fixed-point";
- Arithmetic type 选择"Unsigned";
- Number of bits 输入"5";
- Binary point 输入"0";
- Sampled period 输入"50"。

Relational 模块配置如图 4.12 所示。

- Comparison 选择"a=b";
- Output type 选择"Unsigned Fix"。

DAC_SYNC 模块即 Gateway Out 模块,按照图 4.13 配置好 IOB 即可。

▲图 4.10   Counter1 界面

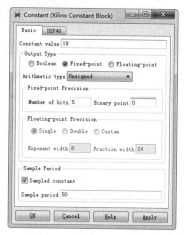

▲图 4.11　Constant 界面

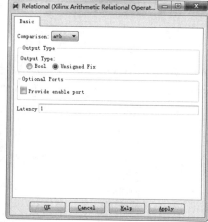

▲图 4.12　Relational 界面

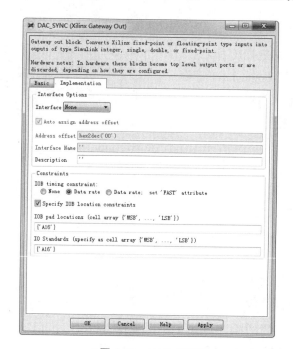

▲图 4.13　DAC_SYNC

（5）DAC081s101 数据输入端口 D$_{IN}$ 驱动

由于 DAC081s101 只能输出恒正的电压信号,而 FPGA 内部产生的信号 Signal_In 有可能是有符号数,这里假设输入的 Signal_In 信号幅值为 −1 ~ +1,此时叠加常数 1（Constant1）后输出信号范围为 0 ~ +2,在经过 CMult 放大 64 倍后输出信号范围达到了 0 ~ +128,符合 8 位 DAC 的输出范围（0 ~ +255）,经过上述处理后能够把 FPGA 内部的有符号数映射到 DAC 的输出范围。根据 DAC 转换的时序以及输入寄存器的内容格式,将经过处理过后的 8 位并行数据进行组合:高 4 位补 0+8 位并行数据+低 8 位补 0,随后进行并串转换,如图 4.14 所示。

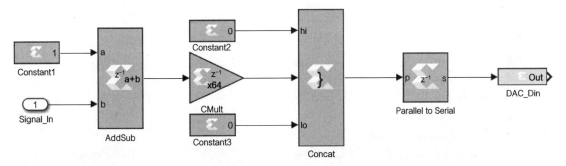

▲图 4.14　DAC081s101 数据输入端口 D_{IN} 驱动

Constant1 模块配置如图 4.15 所示。

- Constant value 输入"1";
- Output type 选择"Fixed-point";
- Arithmetic type 选择"Unsigned";
- Number of bits 输入"3";
- Binary point 输入"1";
- Sampled period 输入"1000"。

AddSub 模块配置如图 4.16 所示。

- Operation 选择"Addition"。

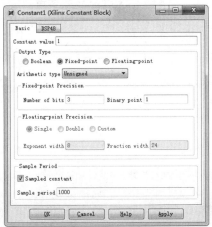

▲图 4.15　Constant1 界面

▲图 4.16　AddSub 界面

AddSub 模块配置如图 4.17 所示。

(1) Basic 选项。

- Constant value 输入"64";
- Constant type 选择"Fixed-point";
- Fixed-point Precision 中 Number of bits 输入"7",Binary point 输入"0"。

(2) Output 选项。

- Precision 选择"User defined";
- Arithmetic type 选择"Unsigned";
- Fixed-point Precision 中 Number of bits 输入"8",Binary point 输入"0"。

Constant2 模块配置如图 4.18 所示。

- Constant value 输入 "0";
- Output type 选择 "Fixed-point";
- Arithmetic type 选择 "Unsigned";
- Number of bits 输入 "4";
- Binary point 输入 "0";
- Sampled period 输入 "1000"。

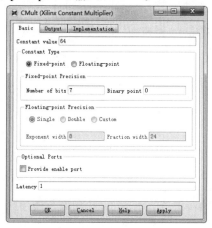

▲图 4.17   AddSub 界面

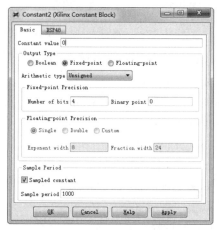

▲图 4.18   Constant2 界面

Constant3 模块配置如图 4.19 所示。

- Constant value 输入 "0";
- Output type 选择 "Fixed-point";
- Arithmetic type 选择 "Unsigned";
- Number of bits 输入 "8";
- Binary point 输入 "0";
- Sampled period 输入 "1000"。

Concat 模块配置如图 4.20 所示。

- Number of inputs 输入 "3"。

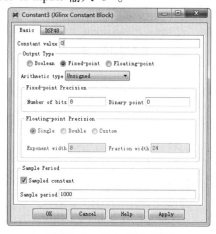

▲图 4.19   Constant3 界面

▲图 4.20   Concat 界面

Parallel to Serial 模块配置如图 4.21 所示。

- Output order 选择"Most significant word first";
- Out Precision Type 选择"Unsigned";
- Number of bits 输入"1";
- Binary point 输入"0"。

▲图 4.21　Parallel to Serial 界面

DAC_Din 模块按照 DAC_SCLK 模块设置的方法配置即可,需要指定正确的 FPGA IO 管脚。

4）输出信号频率与 DAC 关系

在 DAC 中 SCLK 管脚和 $\overline{\text{SYNC}}$ 管脚的频率计算如下所示。

①SCLK 管脚:Explicit period=25,通过计算得到其频率为:

$$f_{\text{sclk}} = \frac{\text{FPGA} \times \text{SIMULINK}}{2 \times \text{Explicit period}} = \frac{100 \times 10^6 \times 1}{2 \times 25} = 2 \text{ MHz} \tag{4.2}$$

②SYNC 管脚:Explicit period=50,其频率为 1 MHz。

由上可知,SCLK 管脚和 SYNC 管脚的管脚频率为两倍关系。而在利用 Counter 和 ROM 设计信号发生器时,其输出信号的频率,可在此处利用 SCLK 管脚的频率进行计算,它们之间的关系如下所示:

$$f_{\text{out}} = \frac{f_{\text{sclk}}}{C_{\text{bit}} \times C_{\text{point}}} \tag{4.3}$$

式中 C_{bit} 为 D_{IN} 管脚输入数据的位数,为 20 位。C_{point} 为 ROM 模块中数据点的个目,即 ROM 的存储深度。

5）使用 SysGen 的信号发生器设计流程

第一步:双击桌面 SysGen 2017.2 图标,如图 4.22 所示,启动 MATLAB 2016b 进入 SIMULINK。需要注意的是不能直接从 MATLAB 2016b 图标启动 SIMULINK,这样会导致 SysGen 不能正常工作。

▲图 4.22　SysGen 2017.2 图标

第二步:将 MATLAB 2016b 工作路径设置到指定文件夹,并打开本书配套提供的"Nexys4_ DDR_Vivado2017p2.slx"文件,如图 4.23 所示。

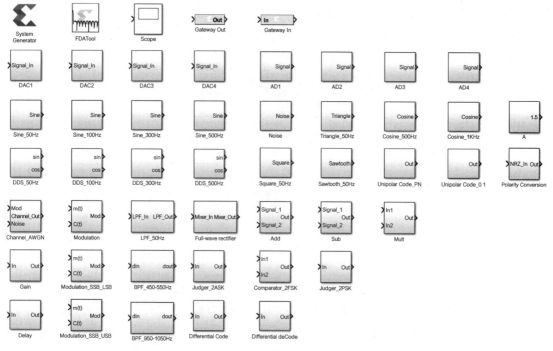

▲图 4.23   Nexys4_DDR_Vivado2017p2.slx 文件

第三步:新建 SIMULINK 设计文件添加 SysGen、Sine_50Hz、Gateway Out 和 Scope 等模块, 按照图 4.24 连接并单击运行,这里 SIMULIN 运行时间为 5000000。

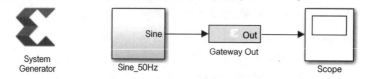

▲图 4.24   正弦信号发生器 SysGen 设计结果

为了能够读取 ROM 模块中数据,Sine_50Hz 子系统中需要通过 Counter 模块标记其地址, 信号发生器子系统内部设计如图 4.25 所示。该子系统由一个计数器和一个存储器组成,其 中存储器 ROM 用来存储所需要波形数据,而计数器 Counter 的输出与 ROM 的地址线相连,通 过 Counter 的输出结果作为地址来读取 ROM 中对应位置的数据。

▲图 4.25   正弦信号发生器

为了使计数器能够将存储器中的数据全部读出,Counter 的计数范围与存储器的存储深 度必须要相同,Counter 和 ROM 的参数配置分别如图 4.26 和图 4.27 所示。从图中可以看出, Counter 所设定的计数的最大值为 999,则表示能计 1 000 个数字,所以 ROM 的深度设置为 1000。在 ROM 的参数配置表中,还要设定所存储的数据,也就是图中所示的 Initial value vector(初始值向量)。图中设置的是 sin$(2*$pi$*(0:0.001:0.999))$,表示对正弦波在一个周期内取 1 000 个采样点。正弦信号发生器的 SysGen 设计与仿真结果如图4.28所示。

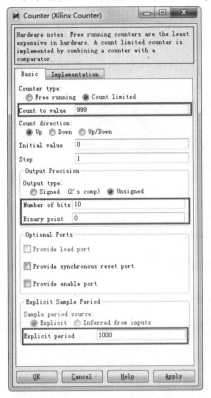

▲图4.26 Counter 模块

▲图4.27 ROM 模块

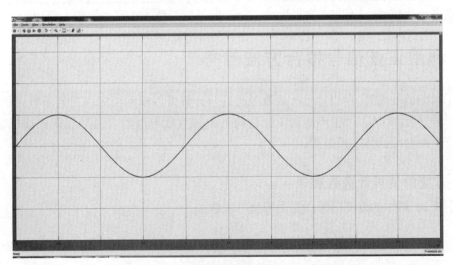

▲图4.28 正弦信号发生器 SysGen 仿真结果

第四步:由于 Gateway Out 和 Scope 模块只是为了在 SIMULINK 环境下显示仿真结果,最终设计并不需要所以删除,同时为了驱动 DAC 需要从"Nexys4_DDR_Vivado2017p2. slx"文件中添加 DAC1 模块,也就是说将设计的正弦信号经由 DAC1 输出,当然这里也可以配置到其他DAC,如图4.29所示。

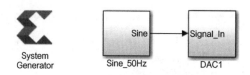

▲图4.29　添加 DAC1 模块

第五步:设计验证完成后双击 SysGen 模块,然后单击 Generate 按钮生成 HDL Netlist 文件,如图4.30所示。

▲图4.30　使用 SysGen 生成 HDL Netlist 文件

第六步:VIVADO 工程文件生成完毕后,SIMULINK 中的设计工作完毕,如果要下载到硬件平台就需要生成 bit 文件,bit 文件生成、下载、调试的具体方法请参考第3章内容。

4.2　利用正弦信号拟合方波信号

对于周期信号而言,利用傅里叶级数对其进行分解可以得到相应的三角函数表达式。根据这个原理,使用 FPGA 产生不同谐波分量的三角函数就可以拟合出期望得到周期信号,下面以方波为例介绍具体实现过程。

1）方波的傅里叶级数展开

将图4.31所示的方波信号展开为傅里叶级数。

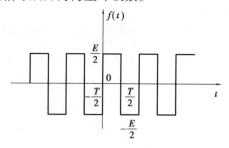

▲图4.31　方波

按题意方波信号在一个周期内的解析式为

$$f(t) = \begin{cases} -\dfrac{E}{2} & -\dfrac{T}{2} \leq t < 0 \\ \dfrac{E}{2} & 0 \leq t \leq \dfrac{T}{2} \end{cases} \tag{4.4}$$

信号的傅里叶级数展开式为

$$f(t) = \frac{2E}{\pi}\left(\sin \omega_0 t + \frac{1}{3}\sin 3\omega_0 t + \frac{1}{5}\sin 5\omega_0 t + \Lambda + \frac{1}{n}\sin n\omega_0 t + \Lambda\right) \tag{4.5}$$

它只含有 1、3、5、…奇次谐波分量。

2）利用 FPGA 设计 100 Hz 方波信号

打开"Nexys4_DDR_Vivado2017p2. slx"文件,从中添加相应模块并按照图 4.32 连接,SIM-ULINK 运行时间为 5000000。根据方波傅里叶级数展开式,每个正弦信号系数不同,添加的 Gain 子系统需要修改相应参数。具体方法是双击打开 Gain 后,双击 CMult 模块在 Constant value 处填写对应的系数并保存。设计完成后的仿真结果如图 4.33 所示,这里由于只叠加到了 5 次谐波,所以拟合出的方波效果并不是很理想,为了达到更好的效果可以选择更高次谐波进行拟合。

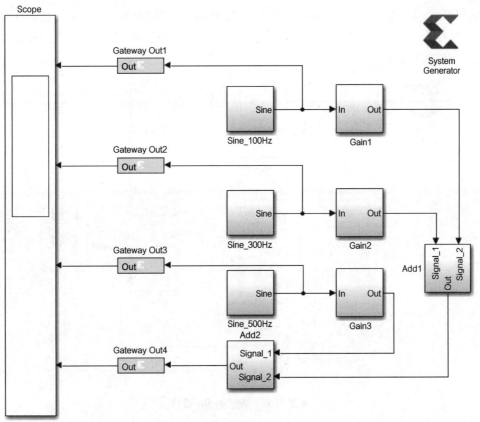

▲图 4.32　方波的 SysGen 设计

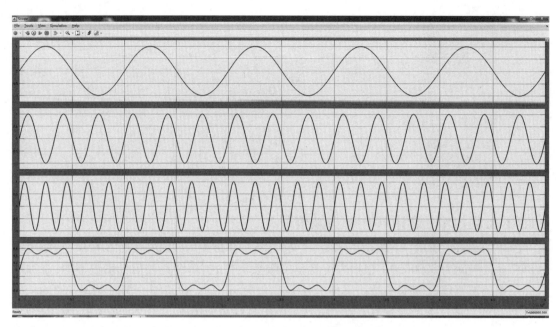

▲图 4.33　方波的 SysGen 仿真结果

　　在完成 SysGen 仿真后为了能够在硬件平台上测试设计结果就需要添加 DAC 模块,这里需要强调 DAC 模块需要从"Nexys4_DDR_Vivado2017p2. slx"文件中复制,不能直接在设计窗口复制,这样会导致 FPGA IO 端口冲突。方波的 DA 设计如图 4.34 所示,生成 bit 文件并下载后的测试结果如图 4.35 所示。

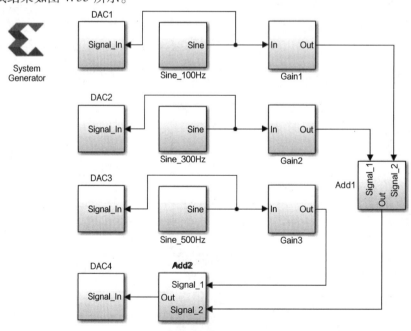

▲图 4.34　方波的 DA 设计

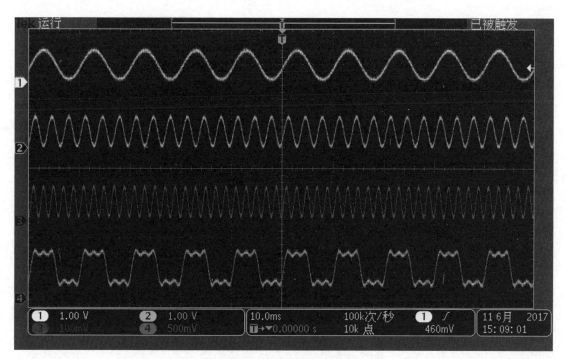

▲图 4.35　方波测试结果

4.3　其他信号的设计与实现

使用 ROM 设计信号发生器可以方便地使用 MATLAB 语法规则生成各种希望得到了信号。本小节将介绍噪声、方波、三角波、锯齿波的产生方法。与产生正弦信号类似,仍然用图 4.25 所示的设计结构,即使用 Counter 模块去遍历 ROM 模块的每个地址,ROM 模块中存储着期望产生的信号波形。产生噪声、方波、三角波、锯齿波的 MATLAB 语句见表 4.3。

表 4.3　噪声、方波、三角波、锯齿波的 MATLAB 语句

信号类型	MATLAB 语句	说　明
噪声	$0.3 * randn(1,2000)$	产生均值为 0 方差为 0.09 的高斯噪声
方波	$square(2 * pi * (0:0.0005:0.9995))$	产生 50 Hz 方波
三角波	$sawtooth(2 * pi * (0:0.0005:0.9995),0.5)$	产生 50 Hz 三角波
锯齿波	$sawtooth(2 * pi * (0:0.0005:0.9995),1)$	产生 50 Hz 锯齿波

产生上述波形时只需要将 ROM 模块中 Initial value vector 的内容替换为表 4.3 中的语句就能产生对应的波形,SysGen 设计如图 4.36 所示,仿真结果如图 4.37 所示。

完成仿真设计后添加 DAC 模块生成相应的 bit 文件,4 种波形的 DA 设计如图 4.38 所示,测试结果如图 4.39 所示。

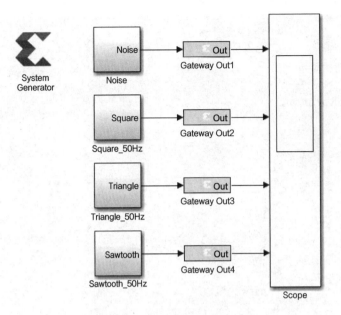

▲图 4.36 4 种波形的 SysGen 设计

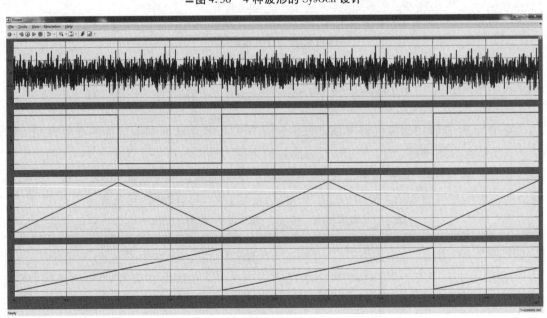

▲图 4.37 4 种波形的 SysGen 仿真结果

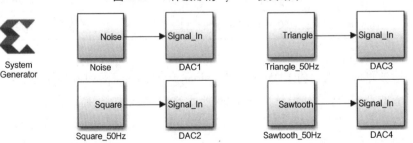

▲图 4.38 4 种波形的 DA 设计

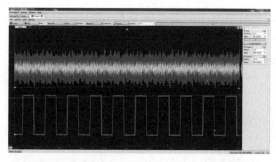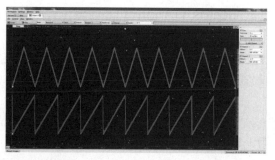

▲图4.39　4种波形测试结果

4.4　基于DDS的信号发生器设计

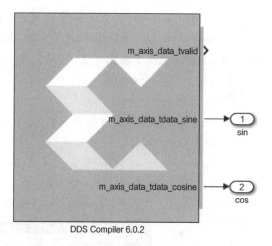

在SysGen中DDS Compiler 6.0 2位于Index子库中,该模块可以实现数字频率合成。如图4.40所示,它有3个输出端口:sine(正弦)、cosine(余弦)、phase out(相位输出)。在现代通信综合实验系统中主要用于产生正交调制载波。

双击DDS模块可以打开其选项卡,如图4.41所示。

DDS Compiler 6.0 2 Basic选项配置如下。

①Configuration Options(配置选择)。

Phase Generator only(仅相位发生器):相位发生器由一个累加器后跟一个可选的加法器来提供偏移。

DDS Compiler 6.0.2

▲图4.40　DDS Compiler 6.0 2

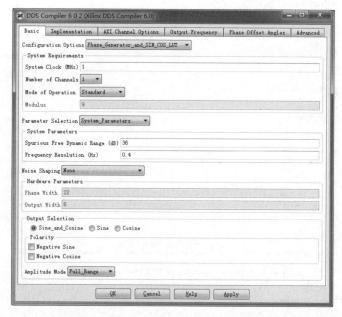

▲图4.41　DDS Compiler 6.0 2 Basic选项

SIN_COS_LUT only(仅余弦查找表)：当仅仅被配置为一个正余弦查找表的时候，相位发生器不执行，相位输入信号使用输入阶段通道，最终通过使用查表转换成正弦和余弦输出。

Phase_Generator and_SIN_COS_LUT(相位发生器和余弦查找表)：对于相位发生器，对其设置不同其结果也不同，选择该选项。

②System Requirements(系统需求)。

System Clock(系统时钟)：指定模块的频率，并且从指定的输出频率计算相位增量，设置为 1 MHz；

Number of Channel(通道数)：在 DDS 中，时分复用通道将会影响每一个信道的有效时钟频率。DDS 可以支持 1 到 16 的时分复用信道，设置为 1。

Mode of Operation 选择"Standard"。

③Parameter Selection 选择"System_Parameters"。

④System Parameters(系统参数)，对于系统参数的设置，有两个参数需要设置：

Spurious Free Dynamic Range(无杂散动态范围)：单位是 dB，用 DDS 产生的有针对性纯度的音调，该参数设置了输出宽度、内部总线宽度以及各种实现决策。这里输入"36"。

Frequency Resolution(频率分辨率)：设置了模拟信号频谱的采样间隔。这里输入"0.4"。

⑤Noise Shaping 选择"None"。

⑥Hardware Parameters(硬件参数)，对于硬件参数的设置，一般需要设置 Phase Width(相位宽度)和 Output Width(输出宽度)。

⑦Output Selection 选择"Sine_and_Cosine"。

⑧Amplitude Mode 选择"Full_Range"。

DDS Compiler 6.0 2 Implementation 选项配置如图 4.42 所示。

▲图 4.42   DDS Compiler 6.0 2 Implementation 选项

①Implementation Options。

Memory Type 选择"Auto"；

Optimization Goal 选择"Auto";

DSP48 Use 选择"Minimal";

Latency Options 选择"Auto"。

②Explicit Sample Period。

勾选 Use explicit period;

在"Explicit Period"输入"1000"。

DDS Compiler 6.0 2 Output Frequency 选项配置如图 4.43 所示。

▲图 4.43　DDS Compiler 6.0 2 Output Frequency 选项

①Phase Increment Programmability 选择"Fixed";

②Output Frequencies(MHz) Channel 1 输入 0.0005。DDS 要产生预期的信号频率,需要按照下面的公式来计算:

$$输出频率 = \frac{\text{FPGA 时钟}(100 \text{ MHz}) \times \text{DDS 输出频率}}{\text{DDS 系统时钟} \times \text{DDS 采样时间}} \tag{4.6}$$

DDS Compiler 6.0 2 其他选项不需要配置。完成以上设置后按照图 4.44 搭建 DDS 信号发生器模型。

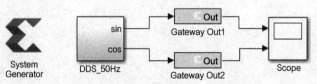

▲图 4.44　搭建 DDS 信号发生器模型

DDS 信号发生器 SysGen 仿真结果如图 4.45 所示。

完成仿真设计后添加 DAC 模块生成相应的 bit 文件,DDS 信号发生器的 DA 设计如图 4.46 所示,下载测试结果如图 4.47 所示。

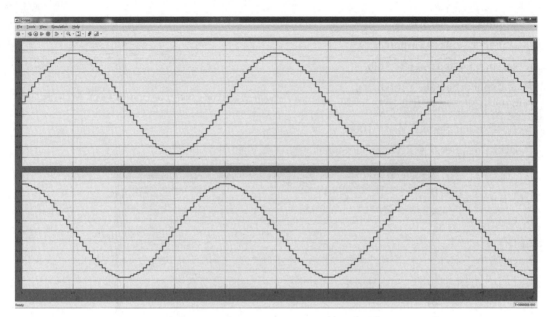

▲图 4.45　DDS 信号发生器 SysGen 仿真结果

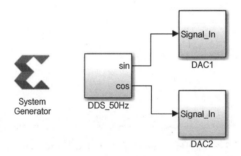

▲图 4.46　DDS 信号发生器的 DA 设计

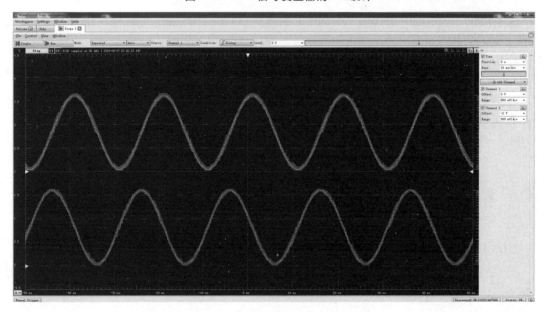

▲图 4.47　DDS 信号发生器测试结果

4.5　抽样定理验证

1）抽样定理验证系统模型

抽样定理又称采样定理、取样定理,是模拟信号数字化过程中必不可少的环节,其作用是将模拟信号进行时域离散化、为量化(幅度离散化)、编码(二值化)的基础。

低通型抽样定理:假设信号 $m(t)$ 的频率范围限定在 $(0,f_H)$ Hz,如果采样速率满足 $f_s \geqslant 2f_H$,那么采样后的信号 $m_s(t)$ 就能够完全恢复原始信号 $m(t)$,其中 $2f_H$ 被称为奈奎斯特抽样速率。

此外还有带通型抽样样定理,这里就不做讨论了。抽样定理验证系统模型如图 4.48 所示,由 5 部分组成。

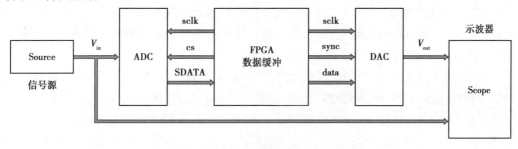

▲图4.48　抽样定理验证系统模型图

①Source:信号源负责产生被采样信号,根据要求可以调整信号的频率、幅度、相位等参数。

②ADC:模数转换器负责将 Source 产生的模拟信号转换成数字信号,并传给 FPGA 处理。

③FPGA:作为数据缓冲器,同时还需要负责驱动 ADC 和 DAC。

④DAC:数模转换器负责将 FPGA 输出的数字信号转换成模拟信号,并传给 Scope 测试。

⑤Scope:示波器模块负责测试 DAC 输出的恢复信号。

2）ADC 驱动设计

（1）ADC 基本原理

A/D 转换的基本工作原理是将模拟信号转换为数字信号,转换过程通过采样、保持、量化和编码 4 个步骤,如图 4.49 所示。

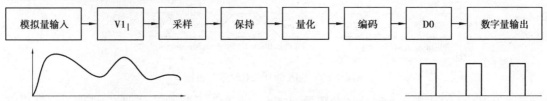

▲图4.49　模数转换过程

①A/D 的采样和保持。采样是将时间上连续变化的信号,转换成为时间上离散的信号,

即将时间上连续变化的模拟量转换为一系列等间隔的脉冲,脉冲的幅度取决于输入模拟量,如图 4.50 所示。

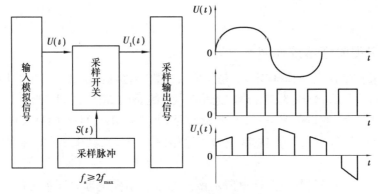

▲图 4.50　A/D 采样和保持图示

②A/D 的量化与编码。量化过程是用离散值近似表示连续值的过程,由于数字信号只能取出有限位,故量化过程引入误差,即量化误差。量化的输出结果用数字代码表示,即编码。

（2）ADC081S021 的引脚功能描述及时序结构

ADC081S021 芯片是 TI 公司生产的单通道、8 位 A/D 转换器。它是一种拥有高速串行接口的低功耗、单通道 CMOS8 的模数转化器,该芯片采样速率为 50 ~ 200 ksps,输出的串行数据为二进制数,并且和 SPI、QSPI、MICROWIRE 和 DSP 串行接口相兼容。芯片使用单电源供电,V_A 范围从+2.7 ~ 5.25 V。使用+3.6 V 供电时芯片正常功耗为 1.3 mW,具有自动掉电功能。管脚配置和时序关系如图 4.51 和图 4.52 所示。

V_A	1		4	$\overline{CS}$
GND	2	ADC081S021	5	SDATA
V_{in}	3		6	SCLK

▲图 4.51　ADC081S021 管脚配置图

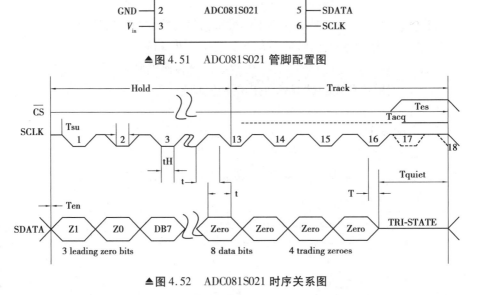

▲图 4.52　ADC081S021 时序关系图

由 ADC081S021 的串行时序图分析可知:CS 信号在串行时钟的第 16 个周期后拉高以终止本次转换;串行输出数据格式为:3 个引导 0+DB[7:0]+4 个结尾 0。因此在使用 SystGen 进行 ADC 时序设计时,应对采样进来的数据先进行串并变换,然后对这 15 位数据进行截位操作,取其[11:4]位。

(3)基于 SysGen 的 ADC 驱动设计

SCLK 管脚驱动设计:ADC 时钟 SCLK 电路整体设计如图 4.53—图 4.55 所示。Counter 模块的设置与 DAC 类似,这里 Explicit period 输入"250",即信号采样频率为 200 kHz;ADC_SCLK 模块(Gateway Out)需要根据图 4.55 配置 FPGA 对应的 IOB。

▲图 4.53 ADC_SCLK 设计

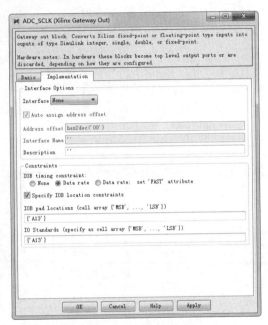

▲图 4.54 Counter 模块　　　　　　　▲图 4.55 ADC_SCLK 模块

CS 片选信号驱动设计如图 4.56—图 4.60 所示:CS 信号经过 16 个时钟周期(SCLK)后由低变高,这里采用了计数器加关系运算符进行设计,即当计数器计到 15 时产生一个向上脉冲并保持一个时钟(SCLK)周期。这里的计数器与 SCLK 相比,SCLK 的计数器计数两次是一个完整的时钟周期,而此处的计数器应基于 SCLK 的计数器进行设计,一个 SCLK 周期对应于此处的计数器计 1 次数。因此,SCLK 的计数器 Explicit period 应该是 SCLK 计数器的 2 倍,即 500。

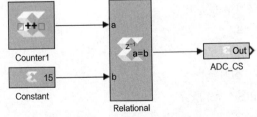

▲图 4.56 ADC_CS 设计

Counter1 模块配置如图 4.57 所示。

- Counter type 选择"Count limited";
- Count to value 输入"15";
- Count direction 选择"Up";
- Initial value 输入"1";
- Step 输入"1";
- Output type 选择"Unsigned";
- Number of bits 输入"4";
- Binary point 输入"0";
- Explicit period 输入"500"。

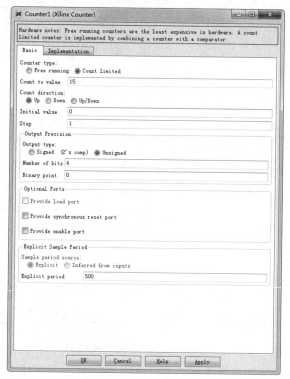

▲图 4.57　Counter1 界面

Constant 模块配置如图 4.58 所示。

- Constant value 输入"15";
- Output type 选择"Fixed-point";
- Arithmetic type 选择"Unsigned";
- Number of bits 输入"4";
- Binary point 输入"0";
- Sampled period 输入"500"。

Relational 模块配置如图 4.59 所示。

- Comparison 选择"a=b";

• Output type 选择"Unsigned Fix"。

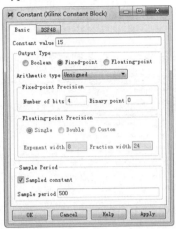 

▲图4.58 Constant 界面　　　▲图4.59 Relational 界面

ADC_CS 模块即 Gateway Out 模块,按照图4.60配置好 IOB 即可。

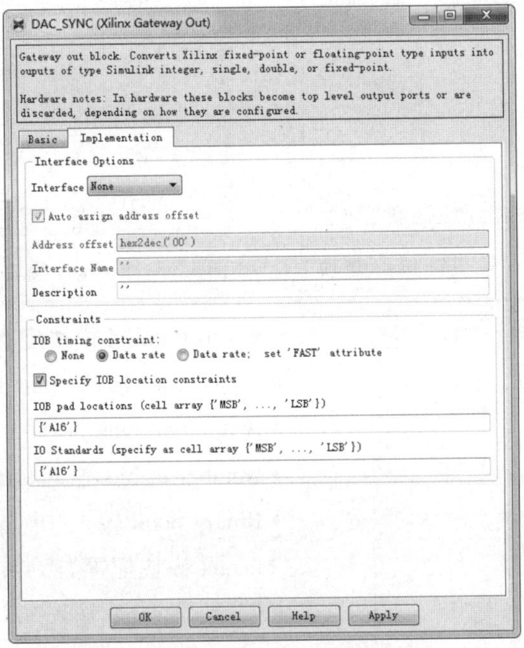

▲图4.60 ADC_CS 界面

SDATA 数字数据输出设计:SDATA 为经过 AD 转换后进入 FPGA 的串行数据。因此,在 FPGA 内部需要进行串并转换,并且提取其中有效的数据位。SDATA 采样周期应该和 CS 一致,每个数据位占用一个时钟(SCLK)周期。该部分的设计如图4.61—图4.67所示。

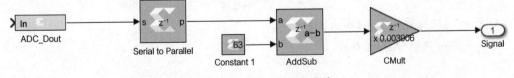

▲图4.61 AD_SDATA 设计

　　ADC_Dout（Gateway In）模块配置如图 4.62 所示，Output Type 选择"Fixed-point"；Arithmetic type 选择"Unsigned"；Number of bits 输入"1"；Binary point 输入"0"；Sample period 输入"500"。

▲图 4.62　Gateway 模块 Basic 选项

▲图 4.63　Gateway 模块 Implementation 选项

▲图 4.64　Serial to Parallel 界面

Serial to Parallel 模块配置如图 4.64 所示。

- Input order 选择"Most significant word first"；
- Arithmetic type 选择"Unsigned"；
- Number of bits 输入"16"；
- Binary point 输入"0"。

Constant 模块配置如图 4.65 所示。

- Constant value 输入"63"；
- Output Type 选择"Fixed-point"；
- Arithmetic type 选择"Unsigned"；
- Number of bits 输入"6"；
- Binary point 输入"0"；
- Sampled period 输入"8000"。

AddSub 模块配置如图 4.66 所示。

- Operation 选择"Subtraction"。

▲图 4.65　Constant1 界面

▲图 4.66　AddSub 界面

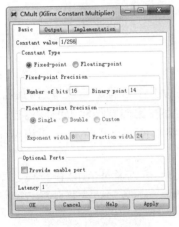

▲图 4.67　CMult 界面

CMult 模块配置如图 4.67 所示。

- Constant value 输入"1/256";
- Constant Type 选择"Fixed-point";
- Number of bits 输入"16";
- Binary point 输入"14";
- 其他选项选择默认。

经由 ADC_Dout 模块转换进来的 16 位串行数据经过串并转换产生 16 位并行数据(数据格式详见图 4.51),取其中的有效数据[11:4]位进行后续处理。输入信号的采样周期设为500,即采样频率为 100 kHz。

3) 抽样定理的 FPGA 验证系统设计与测试

根据硬件系统资源,设计配置了四路 ADC 和四路 DAC,具体连接方式如图 4.68 所示。图 4.69 为对应的测试结果,1 通道为信号源输出为采样信号,2 通道为采样恢复信号。

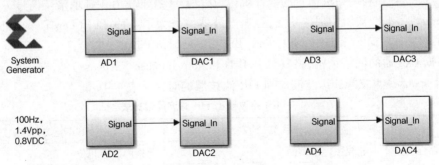

▲图 4.68　抽样定理验证系统的 SysGen 设计

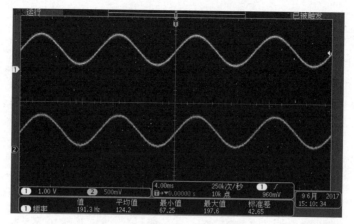

▲图 4.69   抽样定理验证系统的测试

4.6   FIR 滤波器的设计与实现

1）数字滤波器基本原理

数字滤波器（Digital Filter）的输出和输入都是数字信号。它的工作原理是通过适当的运算关系,将输入信号的一些频率分量滤掉或改变某些频率成分的存在比例。跟模拟滤波器比起来,数字滤波器具有体积小、精度高、实现灵活等优点,而且数字滤波器可以完成一些模拟滤波器不能实现的滤波功能。

相较于模拟滤波器,如需使用数字滤波器对模拟信号进行处理,可以通过 ADC 进行模数转换,然后进行滤波。同时,随着 DSP 和 FPGA 的出现和迅速发展,也为数字滤波器在进行硬件实现时提供了越来越多的选择。

2）数字滤波器的分类

①根据数字滤波器的使用对象,将其分为经典滤波器和现代滤波器两大类。经典滤波器,是一般的选频滤波器,适用于有用频率成分和需要滤除的频率成分处于不同频带上的情况;现代滤波器主要利用随机信号的统计规律,从噪声干扰的信号中提取最佳信号。

②根据数字滤波器所实现的功能,经典滤波器被分为了 4 种:LPF（Low Pass Filter）、HPF（High Pass Filter）、BPF（Band Pass Filter）、BSF（Band Stop Filter）。

③根据滤波器的网络结构,将其分为 IIR（Infinite Impulse Response）滤波器和 FIR（Finite Impulse Response）滤波器,IIR 滤波器和 FIR 滤波器的对比见表 4.4。

表 4.4   IIR 滤波器和 FIR 滤波器对比表

内　容	IIR 滤波器	FIR 滤波器
滤波器性能	非线性,会失真	严格的线性相位
滤波器极点位置	单位圆内任意一点,不能使用较高阶数	原点处,可以使用较高的阶数
滤波器结构	递归结构,有反馈,系统不稳定	非递归结构,无反馈,系统稳定
运算方式	不能用 FFT	可用 FFT 快速计算

FIR(有限脉冲响应)滤波器的冲击响应 $h(n)$ 是有限长的,其 Z 域表达式为:

$$H(z) = \sum_{n=0}^{N-1} h(n) z^{-n} \tag{4.7}$$

其差分方程为:

$$y(n) = \sum_{m=0}^{N-1} h(m) x(n-m) \tag{4.8}$$

由差分方程可以看出,FIR 滤波器是由延时、相乘、相加得到的。根据其结构的不同,FIR 滤波器分为直接型、级联型和频率采样型。这里主要介绍直接型 FIR 滤波器的实现方法。直接型 FIR 滤波器结构图如图 4.70 所示。

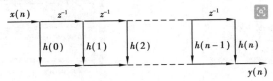

▲图 4.70 直接型 FIR 滤波器结构图

3) FIR 数字滤波器的 FPGA 实现

(1) FDATool

设计数字滤波器可以借助 FDATool(Filter Design and Analysis Tool),它是集成在 SIMU-LINK/SysGen 库中的滤波器分析和设计的工具,拥有强大的用户界面,如图 4.71 所示。

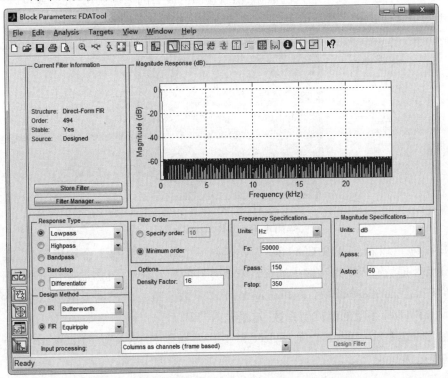

▲图 4.71 FDATool 配置图

　　滤波器设计流程:启动 FDATool 后首先在 Response Type 选项选择滤波器类型,这里选择"Lowpass";然后在 Design Method 选择"FIR";Filter order 选择"Minimum order";Options 中 Density Factor 输入"16";Frequency Specifications 中 Units 选择"Hz",Fs 输入"50000",Fpass 输入"150",Fstop 输入"350";Magnitude Specifications 中 Units 选择"dB",Apass 输入"1",Astop 输入"60";最后单击"Design Filter"按钮设计滤波器。此时就能够在 Current Filter Information 窗口看到设计的滤波器信息,如图 4.72 所示。

　　完成设计后单击 File 菜单,选择 Export 选项,如图 4.73 所示,在 Numberator 处输入"LPF",此时就可以在 MATLAB 工作区看到滤波器系数变量 LPF。

▲图 4.72　Current Filter Information 窗口

▲图 4.73　Export 窗口

（2）FIR Compiler

　　FIR Compiler 是一个接收输入的数据,然后输出滤波后的数据模块,此模块可以在 SysGen 库中找到,使用 FDATool 实现 FIR 数字滤波器的整体如图 4.74 所示。

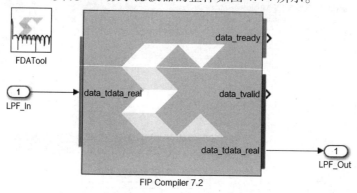

▲图 4.74　FIR Compiler 7.2

　　由图 4.74 可以看出,FIR Compiler 7.2 具有一个输入端口和 3 个输出端口,其中 data_tdata_real 为数据的输入端口和输出端口。双击点开的配置选项,具体的操作步骤如下所示:

　　①在 Filter Specification 中,Coefficient Vector(系数向量):滤波器系数可以手动输入系数矩阵,导入 FDATool 生成的滤波器系数,这里输入"LPF"。

　　②在 Channel Specification 中,Select format 选择硬件过采样(Hardware Oversampling Rate),这里选择"250"。

　　③在 Implementation 中,Quantization 选择最大动态范围(Maximize Dynamic Range),Cofficient Structure 选择非对称(Non_Symmetric)。

④在 Detailed Implementation 中,Goal 选择"Speed"。

将搭建好的 FDA Tool 和 FIR Compiler 7.2 一起选中,右击鼠标选择进行封装,即可出现在测试模块中使用的 LPF 模块。

4)FIR 滤波器设计

(1)设计内容

问题:基于 SIMULINK 与 SysGen,设计一个 FIR 数字滤波器,从带有噪声的正弦信号中滤除噪声,并用 FPGA 实现。

问题分析:假设一个幅度为 1 V、频率为 50 Hz 的正弦信号混有均值为 0、方差为 0.09 的高斯白噪声,经分析,有用信号是低频信号,可以通过一个低通滤波器从该混合信号中把有用信号提取出来,其通信模型系统框图如图 4.75 所示。

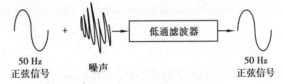

50 Hz 正弦信号 　　噪声 　　　低通滤波器 　　　50 Hz 正弦信号

▲图 4.75　滤波系统模型框图

设计步骤:首先利用 SIMULINK 进行 FIR 滤波系统建模,验证算法的正确性;其次基于 SysGen 进行 FIR 滤波器的 FPGA 设计,并将设计结果与 SIMULINK 结论进行比对;最后生成 FPGA 可执行的 bit 文件,在硬件平台上进行验证。

(2)基于 SysGen 的 FIR 滤波器设计

在完成 SIMULINK 滤波系统建模基础上,进行基于 SysGen 的 FIR 滤波器设计模型如图 4.76 所示。SysGen 设计的总体思路与 SIMULINK 建模类似,其中 Gateway Out1 输出噪声信号,Gateway Out2 输出 50 Hz 正弦信号,Gateway Out3 输出加噪信号,Gateway Out4 输出经 FIR 滤波后的信号。

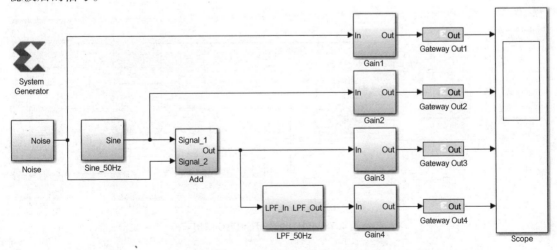

▲图 4.76　FIR 滤波器 SysGen 设计模型

FIR 滤波器 SysGen 设计结果如图 4.77 所示,第一路为噪声信号,第二路为 50 Hz 正弦信号,第三路为加噪信号,第四路为 FIR 滤波后信号。

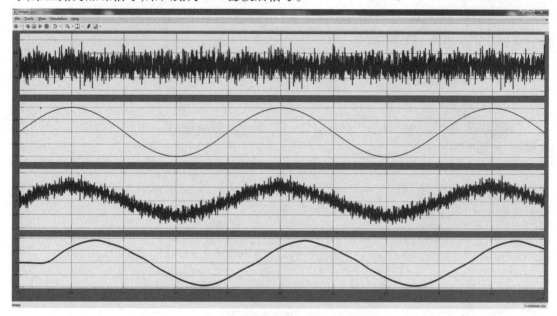

▲图 4.77　FIR 滤波器 SysGen 设计结果

(3)FIR 滤波器性能测试

如图 4.78 所示,添加 DAC 模块,并将设计结果 bit 文件下载至 FPGA,并用示波器观测 4 路 DAC 输出如图 4.79—图 4.80 所示。这里的信号模块和噪声采用了 FPGA 内部产生,为了能够得到更加真实的检验滤波效果,可以将信号或者噪声模块替换为 ADC 模块,从外部获取加噪信号进行滤波处理。

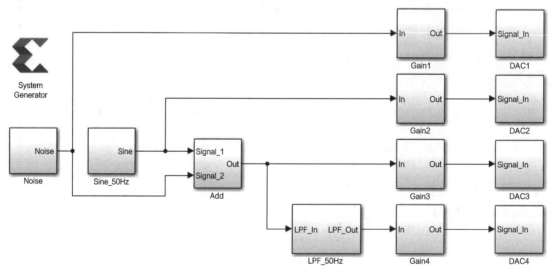

▲图 4.78　FIR 滤波器的 DAC 输出

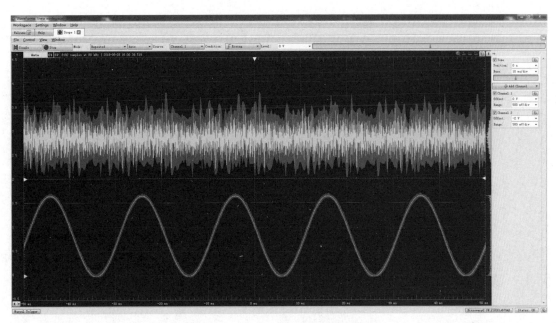

▲图 4.79　FIR 滤波器 SysGen 设计结果 1

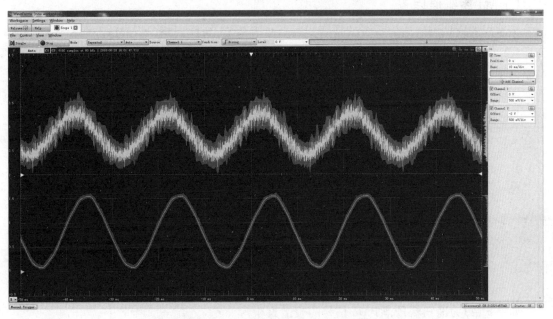

▲图 4.80　FIR 滤波器 SysGen 设计结果 2

5

基本的通信调制解调系统设计实践

5.1 AM 通信系统

1）AM 系统原理

最常用的模拟调制通信系统就是幅度调制通信系统,简称调幅(即 AM)。假设调制信号为 $m(t)$,其均值为 0,在叠加一直流分量 A_0 后与载波 $c(t)$ 相乘后即可得到幅度调制信号,其调制模型如图 5.1 所示。

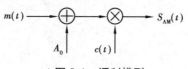

▲图 5.1 调制模型

$$S_{AM}(t) = [A_0 + m(t)] \cdot c(t) \tag{5.1}$$

如果令 $c(t) = \cos \omega_c t$ 那么

$$s_{AM}(t) = [A_0 + m(t)] \cdot \cos \omega_c t = A_0 \cos \omega_c t + m(t)\cos \omega_c t \tag{5.2}$$

同时为了保证 AM 调制信号正负包络不发生混叠现象需要保证

$$|m(t)|_{\max} \leqslant A_0 \tag{5.3}$$

如果 $m(t)$ 为确知信号,则 AM 信号的频谱为

$$S_{AM}(\omega) = \pi A_0 [\delta(\omega + \omega_c) + \delta(\omega - \omega_c)] + \frac{1}{2}[M(\omega + \omega_c) + M(\omega - \omega_c)] \tag{5.4}$$

当 $m(t)$ 为随机信号时,已调信号的频域表示必须用功率谱描述。由 AM 信号频谱(图 5.2)可以看出,AM 信号的频谱由上边带、下边带和载波分量组成,上边带和调制信号频谱相同,下边带是上边带关于载波分量的镜像。由此可见 AM 已调信号的带宽是原始调制信号带宽的 2 倍。

$$B_{AM} = 2f_H \tag{5.5}$$

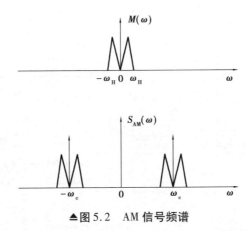

▲图5.2 AM 信号频谱

AM 信号在信道传输过程中会受到噪声的干扰,分析时多采用加性高斯白噪声。解调时 AM 信号可以采用非相干解调(即包络检波法,如图 5.3 所示)和相干解调法两种形式。其中利用包络检波法解调是 AM 调制系统区别于其他模拟线性调制系统的重要特征,但是采用这种方法进行解调时解调器输入信号信噪比会随着噪声的增加而降低,当该信噪比小于某个门限值时,解调器输出信号信噪比会随着输入信号信噪比的下降而急剧恶化,这种现象被称为门限效应。

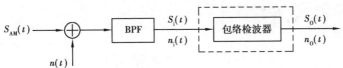

▲图5.3 AM 包络检波模型

2)AM 通信系统的 SysGen 设计

根据图 5.3 采用非相干解调的 AM 通信系统的 SysGen 设计如图 5.4 所示。这里的调制信号 $m(t)$ 选择了 50 Hz 幅度为 1 的正弦波,与幅值为 1.5 的直流分量叠加后和 500 Hz 余弦载波进行调制,已调波经由信道模块叠加了 Noise 噪声;解调过程首先将加噪的已调信号经过带宽为 350~650 Hz 的带通滤波器 BPF,经全波整流器(即绝对值模块)输出至低通滤波器 LPF 滤除 2 倍频分量,就可以解调出调制信号了。

由 Scope 模块观察软件仿真如图 5.5 所示。一通道是叠加直流分量的 50 Hz 正弦调制信号;二通道是 AM 已调信号;三通道是经过信道加噪后的 AM 已调信号。

由 Scope1 模块观察软件仿真如图 5.6 所示。一通道是 50 Hz 正弦调制信号;二通道是 BPF 输出信号,可以看出该信号有一定的延迟,这主要是因为 FIR 滤波器时延造成的,但是加噪已调信号相比带外噪声得到了抑制;三通道信号是经过全波整流器后的输出信号,在这里使用了绝对值模块实现了该功能;四通道信号是 LPF 输出信号,可以看出解调信号有一定的失真,这主要是残留在 LPF 带内噪声导致的。为了提高系统性能,可以降低引入的噪声功率,即调整噪声模块参数,或者设计性能更加优秀的 LPF。

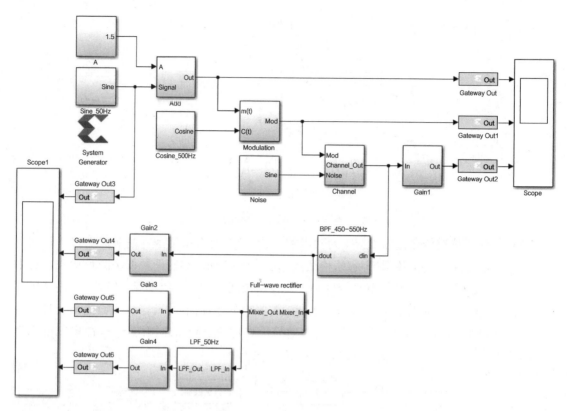

▲图 5.4   AM 的 SysGen 设计

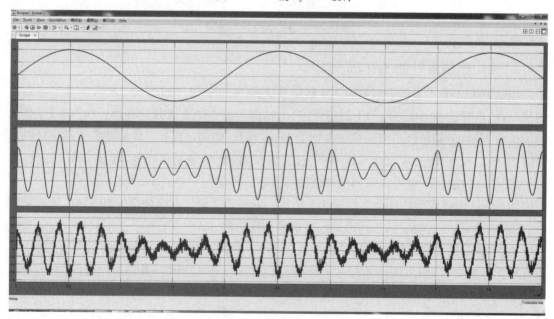

▲图 5.5   AM 的 SysGen 仿真 1

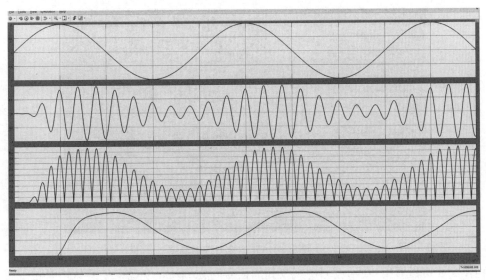

▲图5.6　AM 的 SysGen 仿真2

3）AM 通信系统测试

完成 AM 通信系统的 SysGen 设计仿真后，按照图5.7添加 DAC 模块，按照前文3.2节方法生成 bit 文件，并将 bit 文件导入 FPGA，用示波器观察波形如图5.8所示。

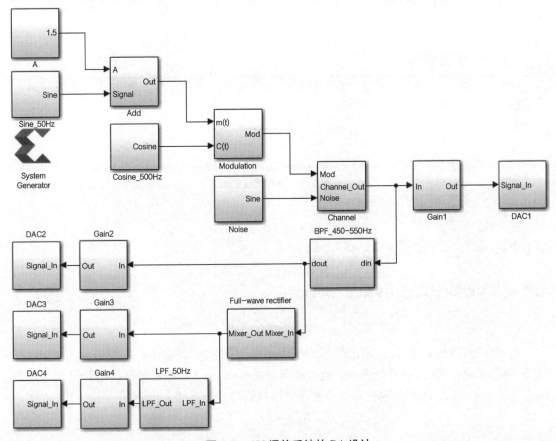

▲图5.7　AM 通信系统的 DA 设计

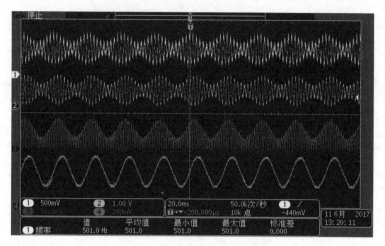

▲图 5.8　AM 通信系统的测试

由图 5.8 可以看出：在示波器中观察到的信号与在 Scope 中观察到的 AM 非相干解调信号波形与调制信号波形一致，由示波器测量出的频率与设置的频率相同，硬件验证正确。其中第一路为加噪已调信号，第二路为 BPF 输出信号，第三路为全波整流后输出信号，第四路为解调信号。

5.2　DSB 通信系统

1）DSB 系统原理

DSB 信号调制过程非常简单，将调制信号 $m(t)$ 直接和载波 $c(t)$ 相乘后即可得到 DSB 已调波信号，其调制模型如图 5.9 所示。

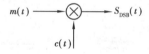

▲图 5.9　DSB 调制模型

$$S_{\text{DSB}}(t) = m(t) \cdot c(t) \tag{5.6}$$

如果令 $c(t) = \cos \omega_c t$ 那么

$$s_{\text{DSB}}(t) = m(t) \cdot \cos \omega_c t \tag{5.7}$$

如果 $m(t)$ 为确知信号，则 DSB 信号的频谱为

$$S_{\text{DSB}}(\omega) = \frac{1}{2} [M(\omega + \omega_c) + M(\omega - \omega_c)] \tag{5.8}$$

当 $m(t)$ 为随机信号时，已调信号的频域表示必须用功率谱描述。由 DSB 信号频谱（图 5.10）可以看出，DSB 信号的频谱由上边带和下边带组成，与 AM 信号频谱相比 DSB 信号频谱没有载波分量，所以 DSB 已调信号的带宽是原始调制信号带宽的 2 倍。

$$B_{\text{DSB}} = 2f_{\text{H}} \tag{5.9}$$

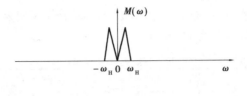

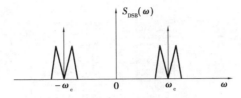

▲图 5.10　DSB 信号频谱

DSB 信号在信道传输过程中会受到噪声干扰,分析时多采用加性高斯白噪声。解调时 DSB 信号只能采用相干解调。已调信号 $s_{DSB}(t)$ 通过信道叠加均值为 0,方差为 δ^2 的噪声 $n(t)$ 后经带通滤波器滤波后输出信号为 $s_i(t)$,带限噪声为 $n_i(t)$。噪声 $n(t)$ 相对于已调信号 $s_{DSB}(t)$ 是宽带信号,那么混合有噪声的已调信号通过带通滤波器(BPF 带宽为 $2f_H$,中心频率为 f_c)会将带外噪声全部滤除,而保留完整的已调信号,但是混在已调信号频带内的噪声无法消除,此噪声就是窄带高斯白噪声 $n_i(t)$。其中

$$n_i(t) = n_c(t)\cos\omega_c t - n_s(t)\sin\omega_c t \qquad (5.10)$$

那么混频器(即乘法器)输出为

$$s'_o(t) = m(t) \cdot \cos^2\omega_c t + [n_c(t)\cos\omega_c t - n_s(t)\sin\omega_c t] \cdot \cos\omega_c t \qquad (5.11)$$

混频器输出信号频谱如图 5.11 所示。

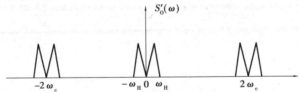

▲图 5.11　混频器输出信号频谱

经过低通滤波器 LPF 滤波后输出信号为

$$s_{LPF}(t) = \frac{1}{2}[m(t) + n_c(t)] \qquad (5.12)$$

DSB 相干解调模型如图 5.12 所示。

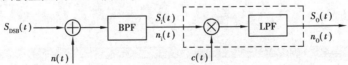

▲图 5.12　DSB 相干解调模型

2）DSB 通信系统的 SysGen 设计

根据图 5.12,DSB 解调只能采用相干解调,DSB 通信系统 SysGen 设计如图 5.13 所示。这里的调制信号 $m(t)$ 选择了 50 Hz 幅度为 1 的正弦波,与 500 Hz 余弦载波进行调制,已调波经由信道模块叠加了 Noise 噪声;解调过程首先将加噪的已调信号经过带宽为 350 ~ 650 Hz

的带通滤波器 BPF,相干解调器(即 BPF 输出信号与相干载波相乘)输出至低通滤波器 LPF 滤除 2 倍频分量,就可以解调出调制信号了。

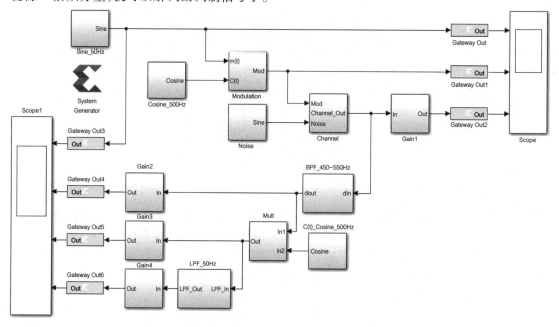

▲图 5.13　DSB 的 SysGen 设计

由 Scope 模块观察软件仿真如图 5.14 所示。一通道是 50 Hz 正弦调制信号;二通道是 DSB 已调信号;三通道是经过信道加噪后的 DSB 已调信号。

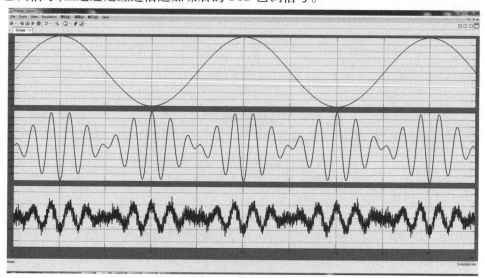

▲图 5.14　DSB 的 SysGen 仿真 1

由 Scope1 模块观察软件仿真如图 5.15 所示。一通道是 50 Hz 正弦调制信号;二通道是 BPF 输出信号,可以看出该信号有一定的延迟,这主要是因为 FIR 滤波器时延造成的,但是加噪已调信号相比带外噪声得到了抑制;三通道信号是经过相干解调过程中乘法器输出信号;四通道信号是 LPF 输出信号,可以看出解调信号有一定的失真,这主要是残留在 LPF 带内噪声导致的。为了提高系统性能,可以降低引入的噪声功率,即调整噪声模块参数,或者设计性能更加优秀的 LPF。

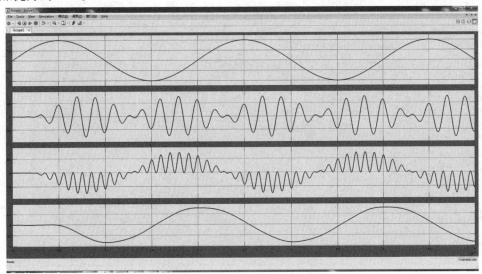

▲图 5.15　DSB 的 SysGen 仿真 2

3）DSB 通信系统测试

完成 DSB 通信系统的 SysGen 设计仿真后,按照图 5.16 添加 DAC 模块,按照 3.2 节方法生成 bit 文件,并将 bit 文件导入 FPGA,用 Analog Discovery 2 观察波形如图 5.17 所示。

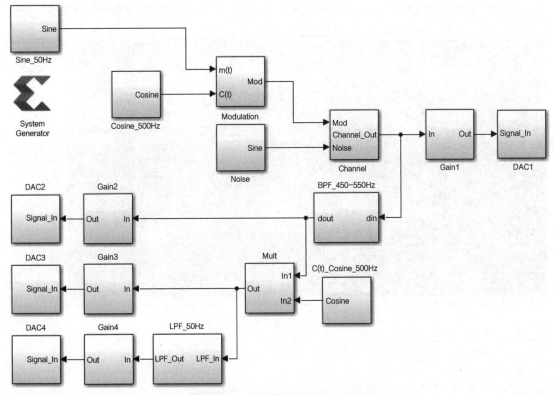

▲图 5.16　DSB 通信系统的 DA 设计

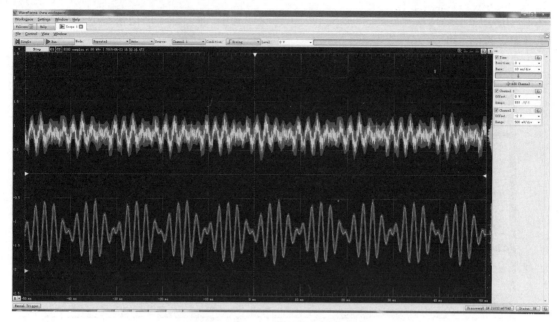

▲图 5.17   DSB 通信系统的测试 1

从图 5.17—图 5.18 可以看出,使用 Analog Discovery 2 经由 WaveForms 观察到的信号与在 SIMULINK Scope 中观察到的 DSB 相干解调信号波形与调制信号波形一致,由 AD2 测量出的频率与设置的频率相同,硬件验证正确。其中第一路为加噪已调信号,第二路为 BPF 输出信号,第三路为相干解调乘法器输出信号,第四路为解调信号。

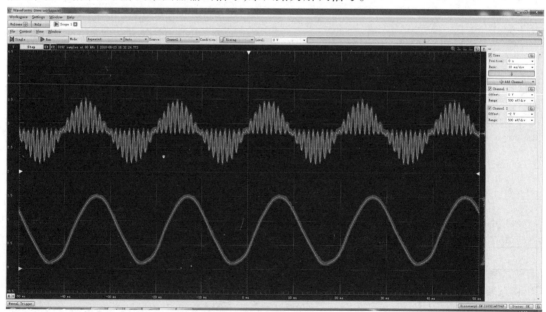

▲图 5.18   DSB 通信系统的测试 2

5.3 SSB 通信系统

1）SSB 系统原理

（1）滤波法

滤波法是一种最直观得到 SSB 信号的方法，对 DSB 信号进行边带滤波直接得到 SSB 信号，SSB 滤波法调制原理如图 5.19 所示。

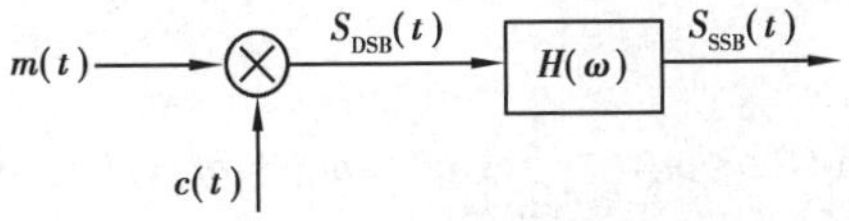

$$m(t) \longrightarrow \bigotimes \xrightarrow{S_{\text{DSB}}(t)} \boxed{H(\omega)} \xrightarrow{S_{\text{SSB}}(t)}$$

$$c(t)$$

▲图 5.19　SSB 滤波法调制原理

其中 $H(\omega)$ 表示边带滤波器，当 $H(\omega)$ 具有高通滤波特性时

$$H(\omega) = H_{\text{USB}}(\omega) = \begin{cases} 1 & |\omega| > \omega_c \\ 0 & |\omega| \le \omega_c \end{cases} \tag{5.13}$$

可以滤除下边带（LSB）并保留上边带；当 $H(\omega)$ 具有低通通滤波特性时

$$H(\omega) = H_{\text{LSB}}(\omega) = \begin{cases} 1 & |\omega| < \omega_c \\ 0 & |\omega| \ge \omega_c \end{cases} \tag{5.14}$$

则可以滤除上边带（USB），保留上边带（LSB）。因此 SSB 信号的频谱可以表示为

$$S_{\text{SSB}}(\omega) = S_{\text{DSB}}(\omega) \cdot H(\omega) \tag{5.15}$$

LSB 信号频谱如图 5.20 所示。

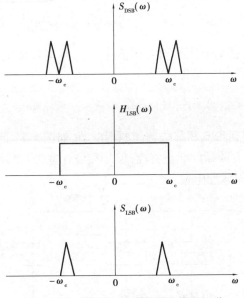

▲图 5.20　滤波法产生的 LSB 信号频谱

从原理上看滤波法产生 SSB 信号非常简单，但是事实上边带滤波器在实际中设计非常困难。实际中边带滤波器的频率响应 $H(\omega)$ 无法在截止频率 ω_c 处做到陡峭截止，往往滤波器从

通带到阻带会有一段过渡带宽,但这样就会导致在 LSB 信号中混入部分 USB 信号,或者在 USB 信号中混入部分 LSB 信号。因此在解决这一问题是往往采用多级调制的方法解决。

（2）相移法

SSB 信号频域表示非常直观,但是其时域表示较为困难,需要用到希尔伯特（Hilbert）变换来表述。假设调制信号为

$$m(t) = A \cos \omega t \tag{5.16}$$

载波为

$$c(t) = \cos \omega_c t \tag{5.17}$$

那么 DSB 信号可以表示为

$$s_{\text{DSB}}(t) = A \cos \omega t \cos \omega_c t = \frac{1}{2} A \cos(\omega_c + \omega) t + \frac{1}{2} A \cos(\omega_c - \omega) t \tag{5.18}$$

上边带信号 USB 表示为

$$s_{\text{USB}}(t) = \frac{1}{2} A \cos(\omega_c + \omega) t = \frac{1}{2} A \cos \omega t \cos \omega_c t - \frac{1}{2} A \sin \omega t \sin \omega_c t \tag{5.19}$$

下边带信号 LSB 表示为

$$s_{\text{LSB}}(t) = \frac{1}{2} A \cos(\omega_c + \omega) t = \frac{1}{2} A \cos \omega t \cos \omega_c t + \frac{1}{2} A \sin \omega t \sin \omega_c t \tag{5.20}$$

所以 SSB 信号可以表示为

$$s_{\text{SSB}}(t) = \frac{1}{2} A \cos(\omega_c + \omega) t = \frac{1}{2} A \cos \omega t \cos \omega_c t \mp \frac{1}{2} A \sin \omega t \sin \omega_c t \tag{5.21}$$

由式（5.21）可见,$\sin \omega t$ 可以看作 $\cos \omega t$ 相移 $-\pi/2$ 的结果,这一过程可以用希尔伯特变换表示,即 $\widehat{\cos \omega t} = \sin \omega t$。那么式（5.21）可以表示为

$$s_{\text{SSB}}(t) = \frac{1}{2} A \cos(\omega_c + \omega) t = \frac{1}{2} A \cos \omega t \cos \omega_c t \mu \frac{1}{2} A \widehat{\cos \omega t} \sin \omega_c t \tag{5.22}$$

依据信号拟合原理任意基带波形均可由多个不同频率幅度的正弦信号相加得到,因此 SSB 信号的一般表达式为

$$s_{\text{SSB}}(t) = \frac{1}{2} m(t) \cos \omega_c t \mp \frac{1}{2} \widehat{m}(t) \sin \omega_c t \tag{5.23}$$

根据式（5.23）即可得到 SSB 相移法调制原理框图,如图 5.21 所示,相移法产生 SSB 信号过程中并不需要滤波器具有陡峭的截止特性,但是在设计宽带相移网络时要求必须精确的相移 $-\pi/2$,这也会给设计工作增加困难。

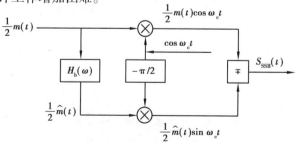

▲图 5.21　SSB 相移法调制原理

  针对 SSB 调制过程中存在的问题可以采用一种改进型的调制方法——残留边带(VSB)调制。这是一种介于 DSB 和 SSB 之间的调制方式,它具有与 SSB 信号相当(略大)的带宽,同时实现起来有比较方便。

2)SSB 通信系统滤波法解调设计

  SSB 通信系统调制采用滤波法时滤波器设计难度非常大,实际当中更多采用的是如图 5.21 所示的相移法。SSB 相移法调制器和 SSB 通信系统的 SysGen 设计分别如图 5.22 和图 5.23 所示。这里的调制信号 $m(t)$ 选择了 50 Hz 幅度为 1 的正弦波,与 500 Hz 余弦载波进行调制(由于调制信号和载波都是三角函数,因此它们希尔伯特变换就可以用延时模块替代),已调波经由信道模块叠加了 Noise 噪声;解调过程首先将加噪的已调信号经过带宽为 350 ~ 650 Hz 的带通滤波器 BPF,相干解调器(即 BPF 输出信号与相干载波相乘)输出至低通滤波器 LPF 滤除 2 倍频分量,就可以解调出调制信号了。

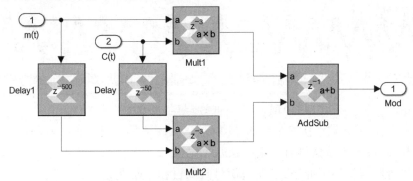

▲图 5.22 SSB 相移法调制器的 SysGen 设计

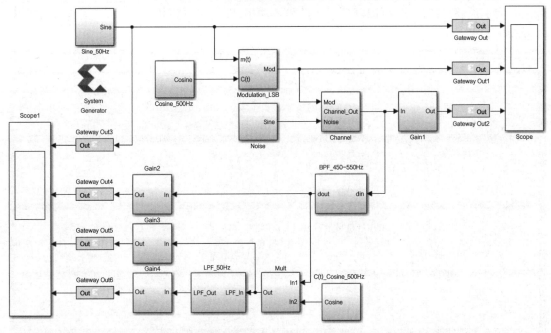

▲图 5.23 SSB 的 SysGen 设计

　　由 Scope 模块观察软件仿真如图 5.24 所示。一通道是 50 Hz 正弦调制信号；二通道是 SSB 已调信号；三通道是经过信道加噪后的 SSB 已调信号。

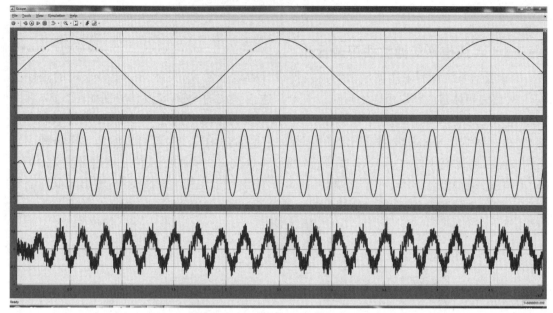

▲图 5.24　SSB 的 SysGen 仿真 1

　　由 Scope1 模块观察软件仿真如图 5.25 所示。一通道是 50 Hz 正弦调制信号；二通道是 BPF 输出信号，可以看出该信号有一定的延迟，这主要是 FIR 滤波器时延造成的，但是加噪已调信号相比带外噪声得到了抑制；三通道信号是经过相干解调过程中乘法器输出信号；四通道信号是 LPF 输出信号，可以看出解调信号有一定的失真，这主要是残留在 LPF 带内噪声导致的。为了提高系统性能，可以降低引入的噪声功率，即调整噪声模块参数，或者设计性能更加优秀的 LPF。

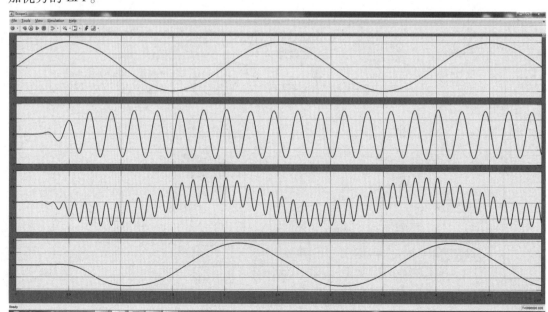

▲图 5.25　SSB 的 SysGen 仿真 2

3）SSB 通信系统测试

完成 SSB 通信系统的 SysGen 设计仿真后,按照图 5.26 添加 DAC 模块,按照前文 3.2 节方法生成 bit 文件,并将 bit 文件导入 FPGA,用 Analog Discovery 2 观察波形如图 5.27—图 5.28 所示。

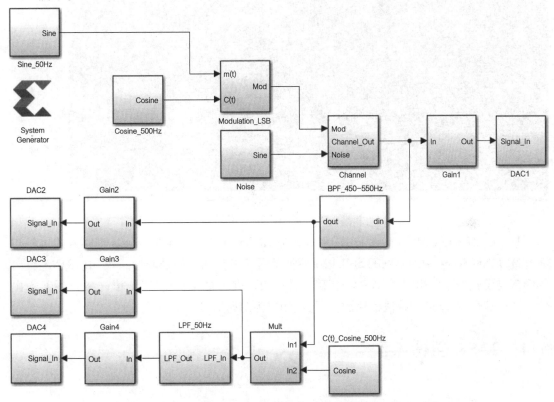

▲图 5.26　DSB 通信系统的 DA 设计

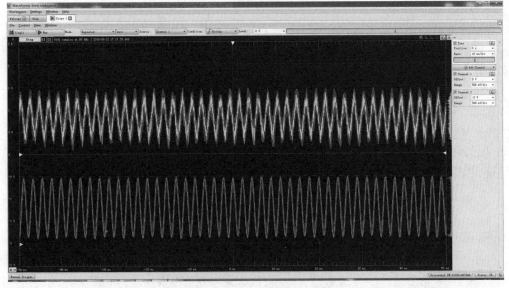

▲图 5.27　SSB 通信系统的测试 1

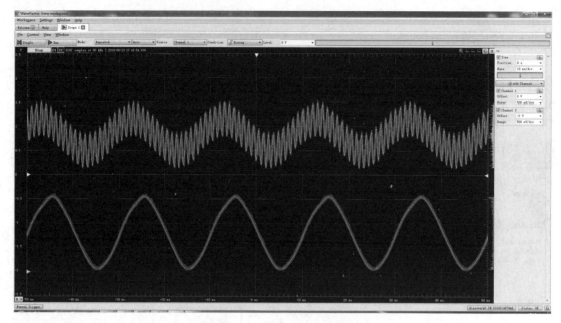

从图 5.27—图 5.28 可以看出,使用 Analog Discovery 2 经由 WaveForms 观察到的信号与在 SIMULINK Scope 中观察到的 SSB 相干解调信号波形与调制信号波形一致,由 AD2 测量出的频率与设置的频率相同,硬件验证正确。其中第一路为加噪已调信号,第二路为 BPF 输出信号,第三路为相干解调乘法器输出信号,第四路为解调信号。

5.4　2ASK 通信系统

1)2ASK 系统原理

(1)2ASK 调制原理

振幅键控是利用正弦载波的幅度变化来传递数字信息,载波的频率和初始相位始终保持不变。以二进制数字序列 $\{a_n\}$ 去控制正弦载波的幅度,可产生 2ASK 信号。载波的幅度只有两种变化状态,分别对应于二进制数字信息"0"和"1"。

首先以基带数字波形序列来表示 $\{a_n\}$,则调制信号可表示为

$$s(t) = \sum_n a_n g(t - nT_s) \tag{5.24}$$

式中,T_s 为码元间隔;$g(t)$ 为持续时间为 T_s 的单极性不归零波形。为简便起见,通常假设 $g(t)$ 是高度为 1、宽度为 T_s 的矩形脉冲。a_n 为第 n 个符号的电平取值,假设

$$a_n = \begin{cases} 0 & \text{概率为 } P \\ 1 & \text{概率为 } 1 - P \end{cases} \tag{5.25}$$

则 2ASK 信号的一般表达式可写为

$$e_{2ASK}(t) = s(t)\cos(\omega_c t) \tag{5.26}$$

2ASK/OOK 信号的产生方法通常有两种:模拟调制法(相乘器法)和键控法,相应的调制

器如图 5.29 所示。图(a)是一般的模拟幅度调制的方法,用乘法器实现。其中的基带信号形成器把数字序列 $\{a_n\}$ 转换成所需的单极性不归零矩形脉冲序列 $s(t)$,$s(t)$ 与载波相乘即把 $s(t)$ 的频谱搬移到 $\pm f_c$ 附近,实现了 2ASK。图(b)是数字键控法,其中的开关电路以数字基带信号 $s(t)$ 为门脉冲来选通载波信号,从而在开关电路输出端得到 2ASK 信号。

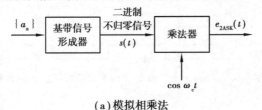

(a)模拟相乘法

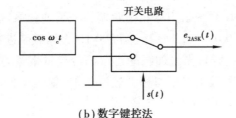

(b)数字键控法

▲图 5.29　2ASK/OOK 信号调制器原理框图

2ASK/OOK 信号的典型波形如图 5.30 所示。

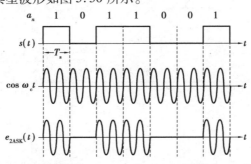

▲图 5.30　2ASK/OOK 信号时间波形

(2)2ASK 解调原理

与 AM 信号的解调方法一样,2ASK/OOK 信号也有两种基本的解调方法:相干解调(同步检测法)和非相干解调(包络检波法)。下面将介绍非相干解调的原理。2ASK 调制方式中,利用载波的幅度来表示二进制数字信息,因此可以采用包络检波法进行解调,包络检波法的原理方框图如图 5.31 所示。

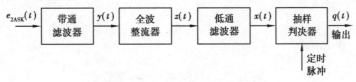

▲图 5.31　包络检波法原理方框图

图 5.32 给出了 2ASK/OOK 信号非相干解调过程的时间波形。

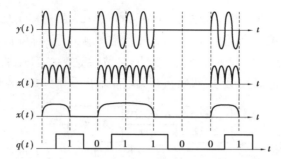

▲图 5.32   2ASK/OOK 信号非相干解调过程的时间波形

2）2ASK 通信系统的 SysGen 设计

根据图 5.33 所示 2ASK 系统采用非相干解调,2ASK 通信系统 SysGen 设计如图 5.33 所示。这里的基带码序列为[0 0 1 0 1 1 0 1],与 500 Hz 余弦载波进行调制,已调波经由信道模块叠加了 Noise 噪声;解调过程首先将加噪的已调信号经过带宽为 350～650 Hz 的带通滤波器 BPF,相干解调器(即 BPF 输出信号与相干载波相乘)输出至低通滤波器 LPF 滤除 2 倍频分量,经过抽样判决后就可以得到基带码序列了。

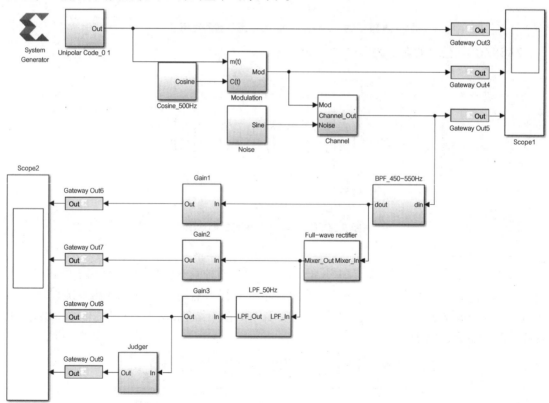

▲图 5.33   2ASK 的 SysGen 设计

由 Scope1 模块观察软件仿真如图 5.34 所示。一通道是基带码序列[0 0 1 0 1 1 0 1];二通道是 2ASK 已调信号;三通道是经过信道加噪后的 2ASK 已调信号。

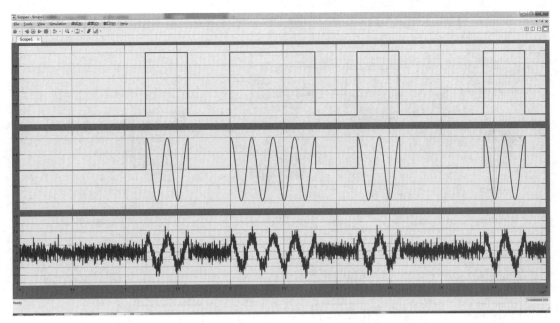

▲图5.34 2ASK 的 SysGen 仿真 1

由 Scope2 模块观察软件仿真如图5.35所示。一通道是 BPF 输出信号；可以看出该信号有一定的延迟，这主要是 FIR 滤波器时延造成的，但是加噪已调信号相比带外噪声得到了抑制；二通道是全波整流器输出信号，三通道信号是 LPF 输出信号；四通道信号是抽样判决器输出的 0、1 序列。

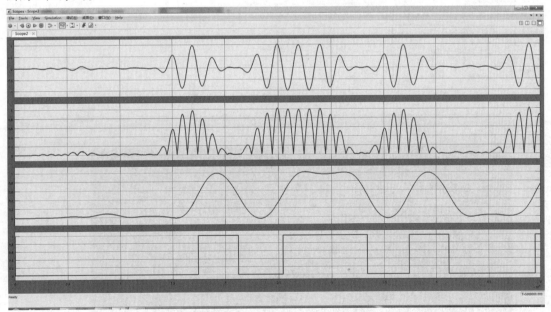

▲图5.35 2ASK 的 SysGen 仿真 2

3) 2ASK 通信系统测试

完成 2ASK 通信系统的 SysGen 设计仿真后，按照图5.36添加 DAC 模块，按照3.2节方法生成 bit 文件,并将 bit 文件导入 FPGA,用 Analog Discovery 2 观察波形如图 5.37—图 5.38 所示。

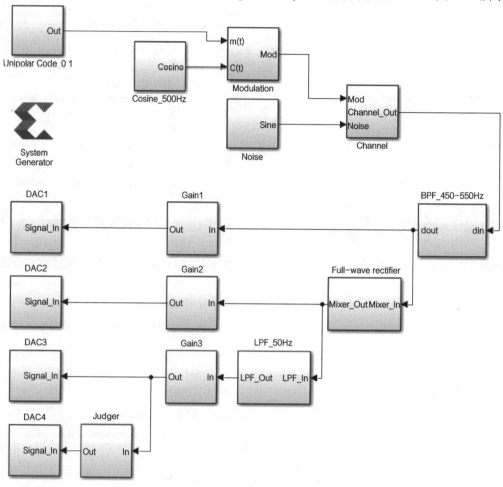

▲图 5.36　2ASK 通信系统的 DA 设计

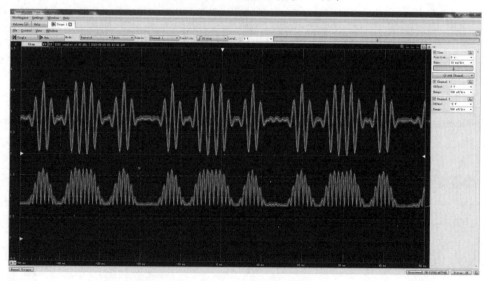

▲图 5.37　2ASK 通信系统的测试 1

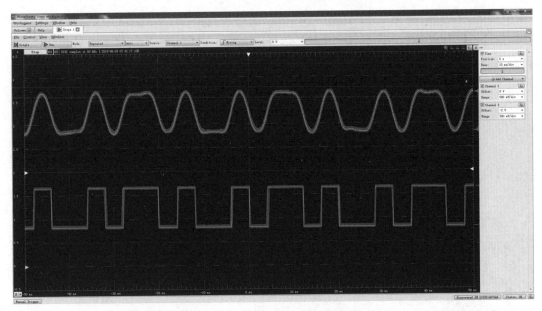

▲图 5.38　2ASK 通信系统的测试 2

从图 5.37—图 5.38 可以看出,使用 Analog Discovery 2 经由 WaveForms 观察到的信号与在 SIMULINK Scope 中观察到的 2ASK 非相干解调序列波形与基带序列波形一致,由 AD2 测量出的频率与设置的频率相同,硬件验证正确。其中第一路为 BPF 输出信号,第二路为全波整流器输出信号,第三路为 LPF 输出信号,第四路为抽样判决器输出的 0、1 序列。

5.5　2FSK 通信系统

1）2FSK 系统原理

（1）2FSK 调制原理

频移键控是利用载波的频率变化来传递数字信息。在 2FSK 中,载波的频率随二进制数字基带信号在 f_1 和 f_2 两个频率点之间变化。故其表达式为

$$e_{2FSK}(t) = \begin{cases} A\cos(\omega_1 t + \varphi_n) & \text{发送"1"时} \\ A\cos(\omega_2 t + \theta_n) & \text{发送"0"时} \end{cases} \tag{5.27}$$

典型波形如图 5.39 所示。

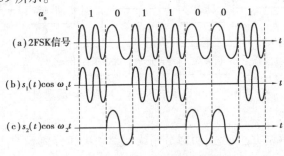

▲图 5.39　2FSK 信号的时间波形

由图 5.39 可见,2FSK 信号的波形(a)可以分解为波形(b)和波形(c),也就是说,一个 2FSK 信号可以看成两个不同载频的 2ASK 信号的叠加。因此,2FSK 信号的时域表达式又可写为

$$e_{2FSK}(t) = \left[\sum_n a_n g(t - nT_s) \right] \cos(\omega_1 t + \varphi_n) +$$
$$\left[\sum_n \overline{a_n} g(t - nT_s) \right] \cos(\omega_2 t + \theta_n) \qquad (5.28)$$

式中,$g(t)$是高度为 1、宽度为 T_s 的矩形脉冲。a_n 为第 n 个符号的电平取值,假设

$$a_n = \begin{cases} 1 & \text{概率为 } P \\ 0 & \text{概率为 } 1-P \end{cases} \qquad (5.29)$$

$\overline{a_n}$ 是 a_n 的反码,若 $a_n = 1$,则 $\overline{a_n} = 0$;若 $a_n = 0$,则 $\overline{a_n} = 1$,于是

$$\overline{a_n} = \begin{cases} 0 & \text{概率为 } P \\ 1 & \text{概率为 } 1-P \end{cases} \qquad (5.30)$$

φ_n 和 θ_n 分别是第 n 个信号码元(1 或 0)的初始相位。在频移键控中,φ_n 和 θ_n 不携带信息,通常可令 φ_n 和 θ_n 为零。因此,2FSK 信号的表达式可简化为

$$e_{2FSK}(t) = s_1(t)\cos \omega_1 t + s_2(t)\cos \omega_2 t \qquad (5.31)$$

其中

$$s_1(t) = \sum_n a_n g(t - nT_s) \qquad (5.32)$$

$$s_2(t) = \sum_n \overline{a_n} g(t - nT_s) \qquad (5.33)$$

2FSK 信号的产生方法主要有两种。一种方法是采用模拟调频电路来实现,由模拟调频法产生的 2FSK 信号在相邻码元之间的相位是连续变化的。另一种方法是采用键控法来实现,即在二进制基带矩形脉冲序列的控制下通过开关电路对两个不同的独立频率源进行选通,使其在每一个码元 T_s 期间输出频率为 f_1 或 f_2 两个载波之一,如图 5.40 所示。键控法产生的 2FSK 信号,是由电子开关在两个独立的频率源之间转换形成,故其相邻码元之间的相位不一定连续。

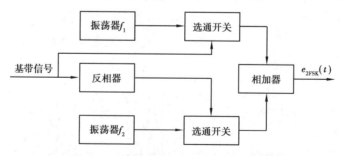

▲图 5.40　键控法产生 2FSK 信号的原理图

(2)2FSK 解调原理

数字调频信号的解调方法很多,可以分为线性鉴频法和分离滤波法两大类。线性鉴频法

有模拟鉴频法、过零检测法、差分检测法等,主要用于 2FSK 信号的载频差 $|f_1-f_2|$ 较小的情况下。分离滤波法又包括相干检测法(同步检测法)、非相干检测法(包络检波法)等,主要用于 2FSK 信号的两个频率 f_1 和 f_2 之间有足够的间隔,可以利用带通滤波器来分路滤波的情况下。下面主要讨论 2FSK 信号非相干解调的原理方框图及各点时间波形如图 5.41、图 5.42 所示。

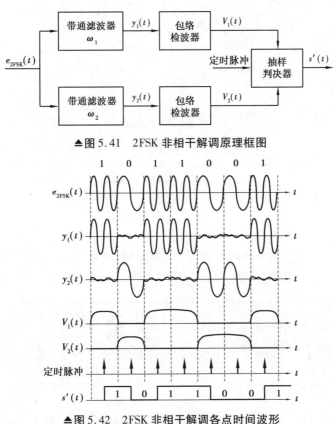

▲图 5.41　2FSK 非相干解调原理框图

▲图 5.42　2FSK 非相干解调各点时间波形

2）2FSK 通信系统的 SysGen 设计

根据图 5.41 所示,2FSK 系统采用非相干解调,2FSK 通信系统 SysGen 设计如图 5.43 所示。这里的基带码序列为[0 0 1 0 1 1 0 1],经过取反模块后分为上下两个支路;上下两支路分别与 500 Hz 和 1 kHz 余弦载波进行调制后相加得到 2FSK 已调信号;已调波经由信道模块叠加了 Noise 噪声;解调过程首先将加噪的已调信号经过带宽分别为 350 ~ 650 Hz 和 850 ~ 1 150 Hz 的带通滤波器 BPF 分离上下两个支路,分别经过全波整流器后由低通滤波器 LPF 分别滤波后进行比较就可以得到基带码序列了。

由 Scope1 模块观察软件仿真如图 5.44 所示。一通道是上支路已调波;二通道是加噪的 2FSK 已调信号;三通道是下支路已调波。

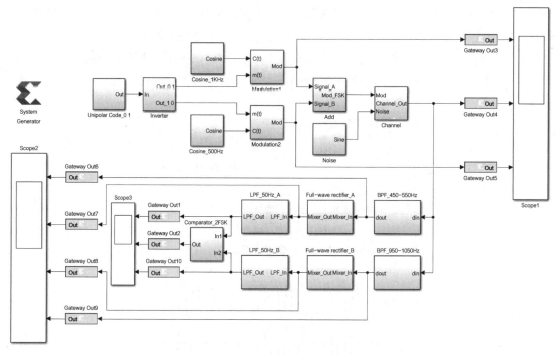

▲图 5.43　2FSK 的 SysGen 设计

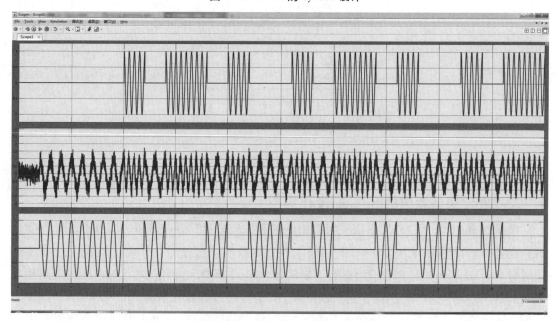

▲图 5.44　2FSK 的 SysGen 仿真 1

由 Scope2 模块观察软件仿真如图 5.45 所示。一通道是上支路 BPF 输出信号；二通道是下支路 BPF 输出信号，三通道上支路全波整流器输出信号；四通道信号是下支路 BPF 输出信号。

由 Scope3 模块观察软件仿真如图 5.46 所示。一通道是上支路 LPF 输出信号；二通道是比较器输出结果，即 0、1 序列；三通道是下支路 LPF 输出信号。

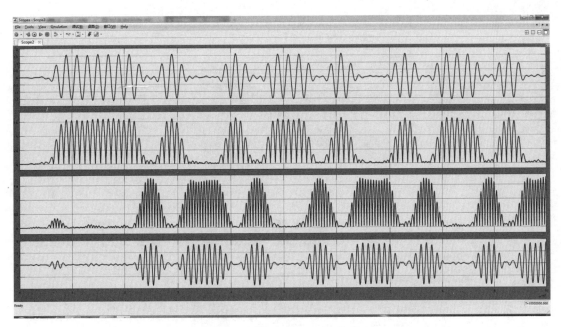

▲图 5.45　2FSK 的 SysGen 仿真 2

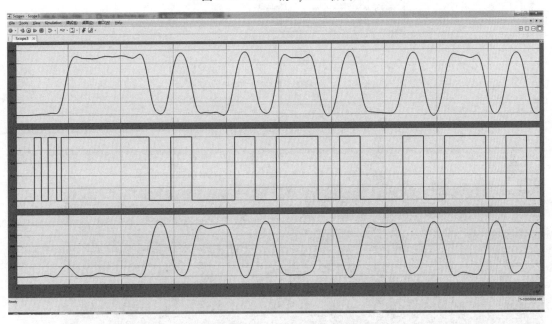

▲图 5.46　2FSK 的 SysGen 仿真 3

3）2FSK 通信系统测试

完成 2FSK 通信系统的 SysGen 设计仿真后,按照图 5.47 添加 DAC 模块,按照 3.2 节方法生成 bit 文件,并将 bit 文件导入 FPGA,用 Analog Discovery 2 观察波形如图 5.48—图 5.49 所示。

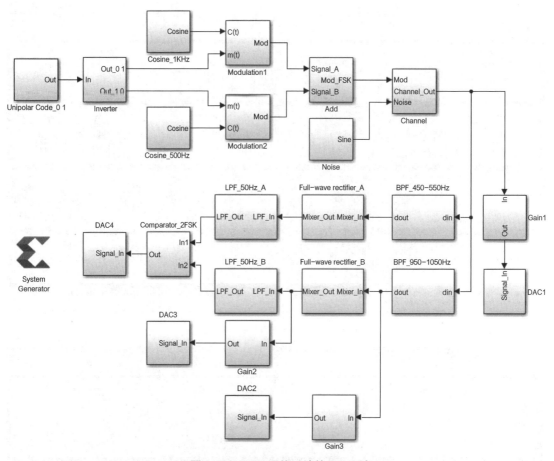

▲图 5.47　2FSK 通信系统的 DA 设计

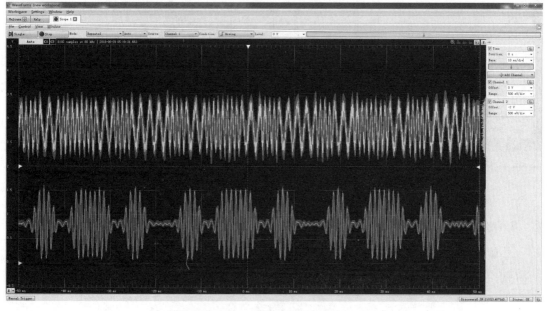

▲图 5.48　2FSK 通信系统的测试 1

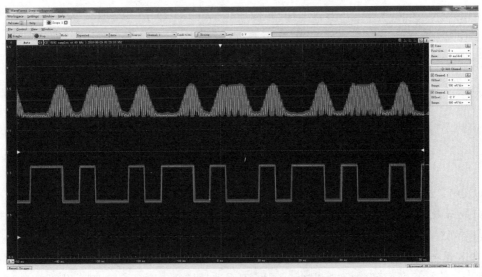

▲图 5.49　2FSK 通信系统的测试 2

从图 5.48—图 5.49 可以看出,使用 Analog Discovery 2 经由 WaveForms 观察到的信号与在 SIMULINK Scope 中观察到的 2FSK 相干解调信号序列与基带序列波形一致,由 AD2 测量出的频率与设置的频率相同,硬件验证正确。其中第一路为下支路 BPF 输出信号,第二路为下支路全波整流器输出信号,第三路为下支路 LPF 输出信号,第四路为比较器输出的 0、1 序列。

5.6　2PSK 通信系统

1）2PSK 系统原理

（1）2PSK 调制原理

相移键控是利用载波的相位变化来传递数字信息,而载波的振幅和频率保持不变。在 2PSK 中,通常用初始相位 0 和 π 分别表示二进制信息"0"和"1"。因此,2PSK 信号的时域表达式可写为

$$e_{2PSK}(t) = A\cos(\omega_c t + \varphi_n) \tag{5.34}$$

其中,φ_n 表示第 n 个符号的绝对相位:

$$\varphi_n = \begin{cases} 0 & \text{发送"0"时} \\ \pi & \text{发送"1"时} \end{cases} \tag{5.35}$$

因此,式(5.34)可以改写为

$$e_{2PSK}(t) = \begin{cases} A\cos\omega_c t & \text{发送"0",概率为 } P \\ -A\cos\omega_c t & \text{发送"1",概率为 } 1-P \end{cases} \tag{5.36}$$

2PSK 信号的典型波形如图 5.50 所示。

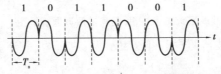

▲图 5.50　2PSK 信号的时间波形图

由于表示信号的两种码元的波形相同,极性相反,故 2PSK 信号一般可以表述为一个双极性(bipolarity)全占空(100% duty ratio)矩形脉冲序列与一个正弦载波的相乘,即

$$e_{2PSK}(t) = s(t)\cos\omega_c t \tag{5.37}$$

其中

$$s(t) = \sum_n a_n g(t - nT_s) \tag{5.38}$$

这里,$g(t)$ 是脉宽为 T_s 的单个矩形脉冲,而 a_n 的统计特性为

$$a_n = \begin{cases} 1 & \text{概率为 } P \\ -1 & \text{概率为 } 1 - P \end{cases} \tag{5.39}$$

即发送二进制符号"0"时(a_n 取+1),$e_{2PSK}(t)$ 取 0 相位;发送二进制符号"1"时(a_n 取−1),$e_{2PSK}(t)$ 取 π 相位。这种以载波的不同相位直接去表示相应二进制数字信号的调制方式,称为二进制绝对相移方式。

2PSK 信号的产生方法通常有两种:模拟调制法(相乘器法)和键控法,相应的调制器如图5.51 所示。图(a)是一般的模拟调制的方法,用乘法器实现。其中的码型变化器把数字序列 $\{a_n\}$ 转换成所需的双极性不归零矩形脉冲序列 $s(t)$,$s(t)$ 与载波相乘即把 $s(t)$ 的频谱搬移到 $\pm f_c$ 附近,实现了 2PSK。图(b)是数字键控法。与 2ASK 信号的产生方法相比较,只是对 $s(t)$ 要求的不同。在 2ASK 中 $s(t)$ 是单极性的,而在 2PSK 中 $s(t)$ 是双极性的基带信号。

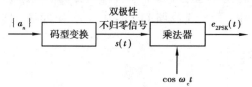

(a) 模拟相乘法

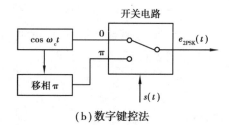

(b) 数字键控法

▲图 5.51   2PSK 信号的调制原理框图

(2)2PSK 解调原理

2PSK 信号的解调通常采用相干解调法,又称为极性比较法,其原理框图如图 5.52 所示。

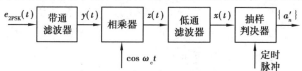

▲图 5.52   2PSK 信号的解调原理框图

不考虑噪声时,带通滤波器的输出可以表示为

$$y(t) = \cos(\omega_c t + \varphi_n) \tag{5.40}$$

式中，φ_n 为 2PSK 信号某一码元的初相。$\varphi_n = 0$ 时，代表数字信息"0"；$\varphi_n = \pi$ 时，代表数字信息"1"。

$y(t)$ 与同步载波相乘后，输出为

$$z(t) = \cos(\omega_c t + \varphi_n) \cos \omega_c t = \frac{1}{2} \cos \varphi_n + \frac{1}{2} \cos(2\omega_c t + \varphi_n) \tag{5.41}$$

低通滤波器输出为

$$x(t) = \frac{1}{2} \cos \varphi_n = \begin{cases} \dfrac{1}{2} & \varphi_n = 0 \text{ 时} \\[2mm] -\dfrac{1}{2} & \varphi_n = \pi \text{ 时} \end{cases} \tag{5.42}$$

设 x 为抽样时刻的值，根据发送端产生 2PSK 信号时 φ_n（0 或 π）代表数字信息（0 或 1）的规定，以及接收端 $x(t)$ 与 φ_n 关系的特性，确定抽样判决器的判决准则为

$$\begin{cases} x > 0 & \text{判为"0"} \\ x < 0 & \text{判为"1"} \end{cases} \tag{5.43}$$

2PSK 信号解调的各点时间波形如图 5.53 所示。

在图 5.53(a)正常工作波形图中，经载波提取电路提取的相干载波的基准相位与 2PSK 信号的调制载波的基准相位一致（通常默认为 0 相位），解调器输出端能够正确还原出发送的数字基带信号。但是，由于在 2PSK 信号的载波恢复过程中存在着 $180°$ 的相位模糊现象，如图 5.53(b)反向工作波形图中所示，恢复的本地载波与所需的相干载波反相，解调出的数字基带信号与发送的数字基带信号正好相反，即"1"变为"0"，"0"变为"1"，判决器输出数字信号全部出错。

上述这种现象称为 2PSK 方式的"倒 π"现象或"反向工作"现象，这也是 2PSK 方式在实际中很少采用的主要原因。另外，在随机信号码元序列中，信号波形有可能出现长时间连续的正弦波形，致使在接收端无法辨认信号码元的起止时刻。

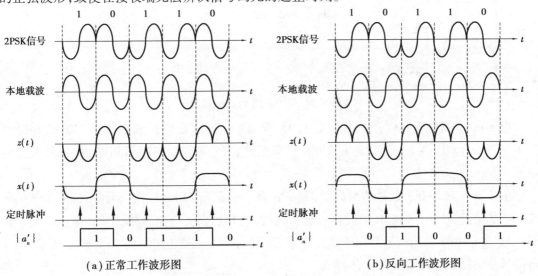

(a) 正常工作波形图　　　　　　　　(b) 反向工作波形图

▲图 5.53　2PSK 信号解调的各点时间波形

2）2PSK 通信系统的 SysGen 设计

根据图 5.52 所示 2PSK 系统采用相干解调,2PSK 通信系统 SysGen 设计如图 5.54 所示。这里的基带码序列[0 0 1 0 1 1 0 1]需要先经过极性转换变为双极性码才能与 500 Hz 余弦载波进行调制,已调信号经由信道模块叠加了 Noise 噪声;解调过程首先将加噪的已调信号经过带宽为 350～650 Hz 的带通滤波器 BPF,相干解调器(即 BPF 输出信号与相干载波相乘)输出至低通滤波器 LPF 滤除 2 倍频分量,经过抽样判决后就可以得到基带码序列(双极性)了。

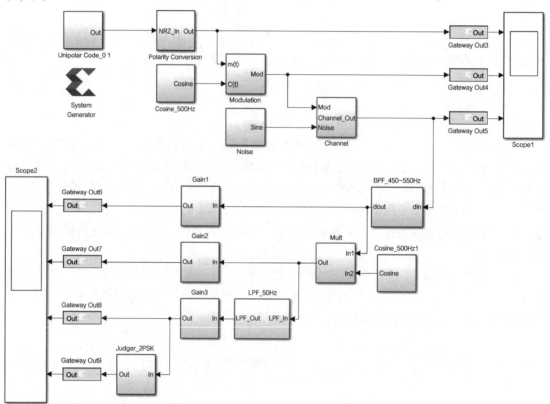

▲图 5.54 2PSK 的 SysGen 设计

由 Scope1 模块观察软件仿真如图 5.55 所示。一通道是经过极性转换的基带码序列[-1 -1 1 -1 1 1 -1 1];二通道是 2PSK 已调信号;三通道是经过信道加噪后的 2PSK 已调信号。

由 Scope2 模块观察软件仿真如图 5.56 所示。一通道是 BPF 输出信号;可以看出该信号有一定的延迟,这主要是 FIR 滤波器时延造成的,但是加噪已调信号相比带外噪声得到了抑制;二通道是 BPF 输出信号与相干载波相乘后输出信号,三通道信号是 LPF 输出信号;四通道信号是抽样判决器输出的-1、1 序列。

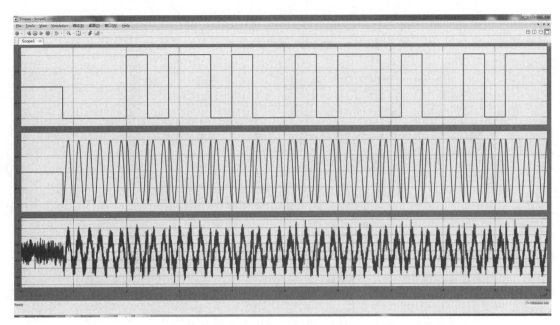

▲图 5.55　2PSK 的 SysGen 仿真 1

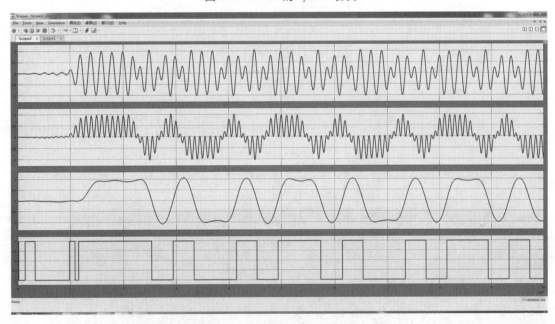

▲图 5.56　2PSK 的 SysGen 仿真 2

3）2PSK 通信系统测试

完成 2PSK 通信系统的 SysGen 设计仿真后，按照图 5.57 添加 DAC 模块，按照 3.2 节方法生成 bit 文件，并将 bit 文件导入 FPGA，用 Analog Discovery 2 观察波形如图 5.58—图 5.59所示。

从图 5.58—图 5.59 可以看出，使用 Analog Discovery 2 经由 WaveForms 观察到的信号与在 SIMULINK Scope 中观察到的 2PSK 相干解调信号序列与基带序列波形一致，由 AD2 测量出的频率与设置的频率相同,硬件验证正确。其中第一路为 BPF 输出信号,第二路为解调器中乘法器输出信号,第三路为 LPF 输出信号,第四路为抽样判决器输出的−1、1 序列。

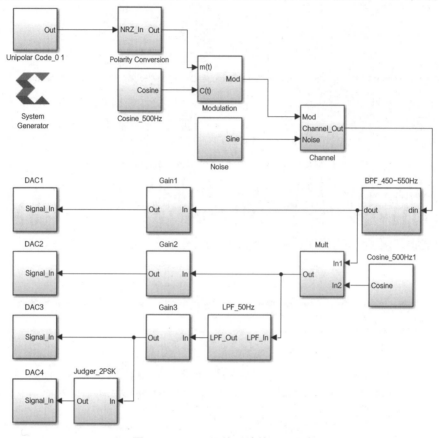

▲图 5.57   2PSK 通信系统的 DA 设计

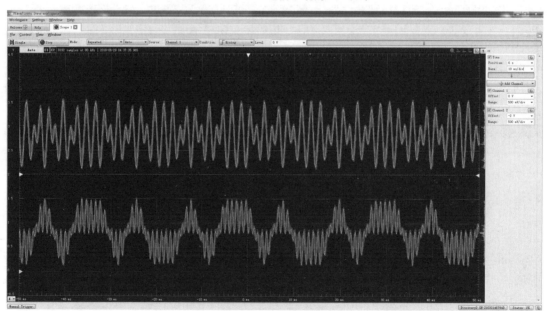

▲图 5.58   2PSK 通信系统的测试 1

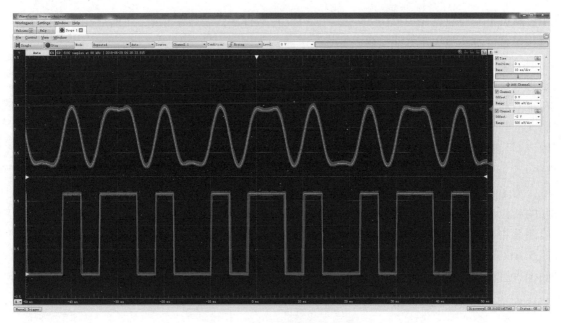

▲图 5.59   2PSK 通信系统的测试 2

5.7   2DPSK 通信系统

1) 2DPSK 系统原理

(1)2DPSK 调制原理

2DPSK 是利用前后相邻码元的载波相对相位变化来传递数字信息,所以又称为相对相移键控。假设 $\Delta\varphi$ 为当前码元与前一码元的载波相位差,可定义一种数字信息与 $\Delta\varphi$ 之间的关系为

$$\Delta\varphi = \begin{cases} 0 & \text{表示数字信息“0”} \\ \pi & \text{表示数字信息“1”} \end{cases} \tag{5.44}$$

2DPSK 信号的载波相位及典型波形如图 5.60 所示。

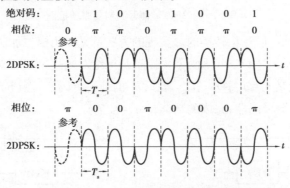

▲图 5.60   2DPSK 信号的典型波形图

由图 5.60 可知,对于相同的基带数字信息序列,如果初始参考相位不同,2DPSK 信号的

相位就会不同。也就是说,2DPSK 信号的相位并不直接代表数字信息,而前后相邻码元的相对相位差才唯一地决定数字信息。

为了更加直观地说明信号码元的相位关系,我们可以用矢量图来表述。按照式 5.44 的定义关系,我们可以用如图 5.61 所示的矢量图(a)来表示。图中,虚线矢量位置为参考相位。在绝对相移 2PSK 中,参考相位是未调制载波的相位;在相对相移 2DPSK 中,参考相位是前一码元的载波相位,当前码元的相位可能是 0 或 π。但是按照这种定义,在某个长的码元序列中,信号波形的相位可能仍没有突跳点,致使在接收端无法辨认信号码元的起止时刻。这样,2DPSK 方式虽然解决了载波相位恢复不确定性问题,但是码元的定时问题依然没有解决。

为了解决定时问题,可以采用图 5.61 所示的矢量图(b)所示的相移方式。这时,当前码元的相位对于前一码元的相位改变 ±π/2。因此,在相邻码元之间必定有相位突跳。在接收端检测此相位突跳就能确定每个码元的起止时刻,即可提供码元定时信息。根据 ITU-T 建议,图 5.61(a)所示的相移方式称为 A 方式;图 5.61(b)所示的相移方式称为 B 方式。由于后者的优点,目前被广泛采用。

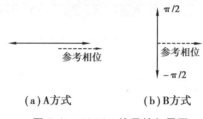

(a)A 方式   (b)B 方式

▲图 5.61　2DPSK 信号的矢量图

2DPSK 信号的产生方法如下:先对二进制数字基带信号进行差分编码,即把表示数字信息序列的绝对码变换成相对码(差分码),然后再根据相对码进行绝对调相,从而产生二进制差分相移键控信号。2DPSK 信号调制器原理框图如图 5.62 所示。

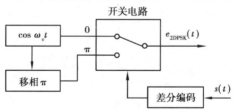

▲图 5.62　2DPSK 信号调制器原理框图

绝对码和相对码是可以互相转换的。实现的方法就是使用模二加法器和延迟器(延迟一个码元宽度 T_s),如图 5.63(a)、(b)所示。图(a)是把绝对码变换成相对码的方法,称其为差分编码器,完成的功能是 $b_n = a_n \oplus b_{n-1}$(b_{n-1} 表示 b_n 的前一个码)。图(b)是把相对码变换成绝对码的方法,称其为差分译码器,完成的功能是 $a_n = b_n \oplus b_{n-1}$。

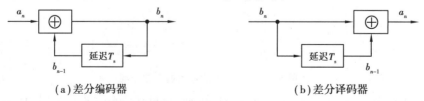

(a)差分编码器   (b)差分译码器

▲图 5.63　绝对码与相对码的转换

（2）2DPSK 解调原理

2DPSK 信号可以采用差分相干解调（相位比较法），其原理框图和解调过程各点时间波形如图 5.64 所示。用这种方法解调时不需要专门的相干载波，只需由收到的 2DPSK 信号延时一个码元间隔 T_s，然后与 2DPSK 信号本身相乘。相乘器起着相位比较的作用，相乘结果反映了前后码元的相位差，经低通滤波后再抽样判决，即可直接恢复出原始数字信息，故解调器中不需要差分译码器。

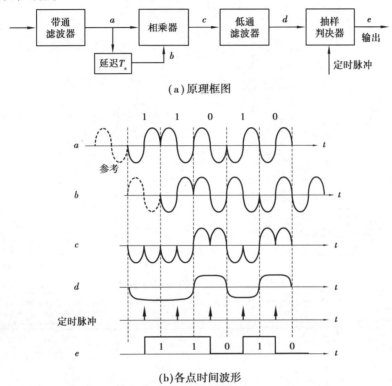

（a）原理框图

（b）各点时间波形

▲图 5.64　2DPSK 差分相干解调器原理框图和各点时间波形

2）2DPSK 通信系统的 SysGen 设计

根据图 5.64（a）所示 2DPSK 系统采用差分相干解调，2PSK 通信系统 SysGen 设计如图 5.65 所示。这里的基带码序列[0 0 1 0 1 1 0 1]需要先经过差分编码和极性转换变后才能与 500 Hz 余弦载波进行调制，已调信号经由信道模块叠加了 Noise 噪声；解调过程首先将加噪的已调信号经过带宽为 350～650 Hz 的带通滤波器 BPF，相干解调器（即 BPF 输出信号与相干载波相乘）输出至低通滤波器 LPF 滤除 2 倍频分量，经过抽样判决后就可以得到基带码序列（双极性）了。

由 Scope1 模块观察软件仿真如图 5.66 所示。一通道是经过差分编码和极性转换后的码序列[-1 -1 1 1 -1 1 1 -1]；二通道是 2PSK 已调信号；三通道是经过信道加噪后的 2PSK 已调信号。

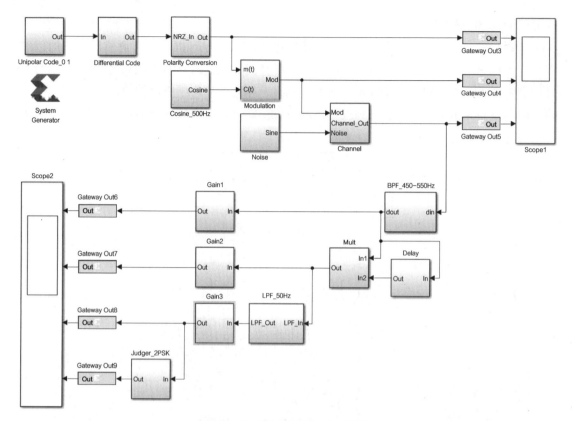

▲图 5.65　2DPSK 的 SysGen 设计

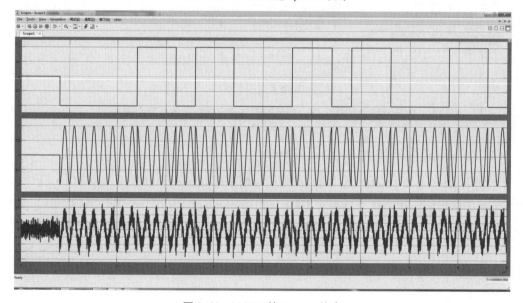

▲图 5.66　2DPSK 的 SysGen 仿真 1

由 Scope2 模块观察软件仿真如图 5.67 所示。一通道是 BPF 输出信号;可以看出该信号有一定的延迟,这主要是 FIR 滤波器时延造成的,但是加噪已调信号相比带外噪声得到了抑制;二通道是 BPF 输出信号与该信号延迟 1 个码元相乘后的输出信号,三通道信号是 LPF 输出信号;四通道信号是抽样判决器输出序列[−1 −1 1 −1 1 1 −1 1](绝对码序列)。

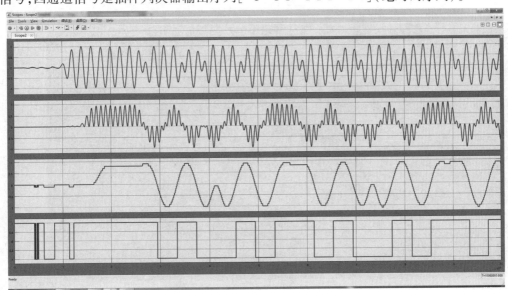

▲图 5.67 2DPSK 的 SysGen 仿真 2

3）2DPSK 通信系统测试

完成 2DPSK 通信系统的 SysGen 设计仿真后,按照图 5.68 添加 DAC 模块,按照 3.2 节方法生成 bit 文件,并将 bit 文件导入 FPGA,用 Analog Discovery 2 观察波形如图 5.69—图 5.70 所示。

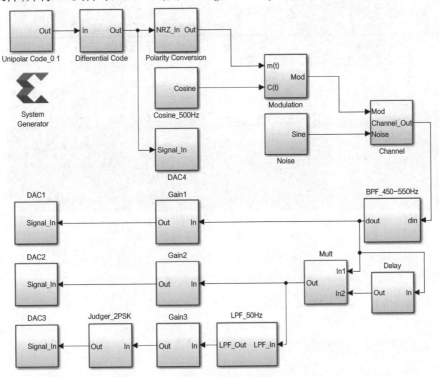

▲图 5.68 2DPSK 通信系统的 DA 设计

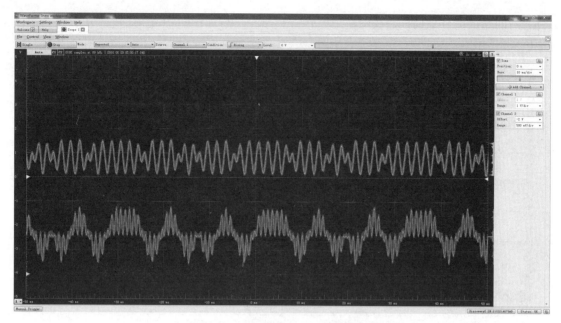

▲图 5.69　2DPSK 通信系统的测试 1

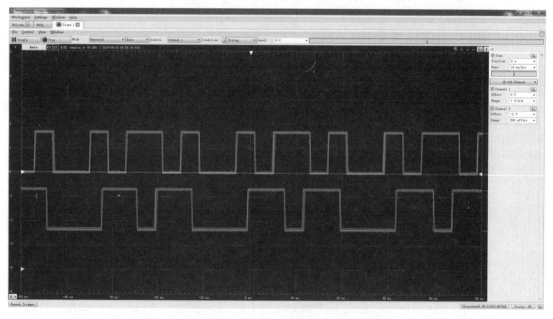

▲图 5.70　2DPSK 通信系统的测试 2

　　从图 5.69—图 5.70 可以看出,使用 Analog Discovery 2 经由 WaveForms 观察到的信号与在 SIMULINK Scope 中观察到的 2DPSK 差分相干解调序列与基带序列一致,由 AD2 测量出的频率与设置的频率相同,硬件验证正确。其中第一路为 BPF 输出信号,第二路为 BPF 输出波形延时相乘输出信号,第三路为 LPF 输出信号,第三路为抽样判决器输出的绝对码序列[-1 -1 1 -1 1 1 -1 1],第四路为相对码序列[-1 -1 1 1 -1 1 1 -1]。

6

多进制的通信调制解调系统设计实践

6.1　4FSK 通信系统

1）4FSK 系统原理

(1)4FSK 调制原理

多进制数字频移键控(MFSK)是 2FSK 方式的推广。MFSK 信号可以表示为

$$s_k(t) = A\cos(2\pi f_k t) \qquad (k-1)T_s \leqslant t < kT_s, f_k \in \{f_{c1}, f_{c2}, \dots, f_{cM}\} \qquad (6.1)$$

式中,T_s 为码元周期;f_k 是载波频率。例如,在四进制频移键控(4FSK)中,采用 4 个不同的频率分别表示四进制的码元,如图 6.1 所示。

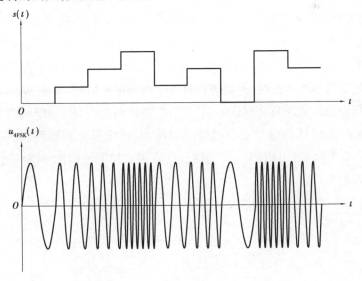

▲图 6.1　4FSK 信号的波形示意图

4FSK 在信号调制部分需要对二进制信号进行数据类型转换,将二进制信号转换为四进制信号,然后进行调制。

（2）4FSK 解调原理

4FSK 的解调原理和 2FSK 的解调原理基本相同,常用的解调方式都是相干解调与非相干解调,这里我们用到的是相干解调的方式,解调框图如图 6.2 所示。

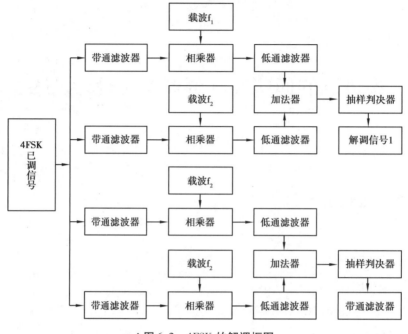

▲图 6.2　4FSK 的解调框图

2）4FSK 通信系统的 SysGen 设计

通过对上述原理的分析,所设计的方案是采用模拟相乘调制和非相干解调。整个 4FSK 通信系统的调制与解调的过程为:产生一段符号为 00101101 的数字基带信号,经过串并变换,得到上下两条支路,上支路为原信号奇数位的信号 0110,下支路为原信号偶数位的信号 0011,完成对二进制信号的转换后,再将其组合为一路四电平信号,从而实现二进制到四进制的转换;然后采用模拟相乘的方式对信号进行调制;在解调之前需要加入噪声,解调使用的方法是非相干解调法,加噪后的信号先经过带通滤波器、再经过全波整流、然后经过低通滤波器、最后再进行抽样判决,就可以得到解调信号。采用非相干解调的 4FSK 通信系统 SysGen 设计如图 6.3 所示。

由 Scope 模块观察软件仿真如图 6.4 所示。一通道是原始信号波形;二通道是 0011 信号;三通道是 0110 信号。

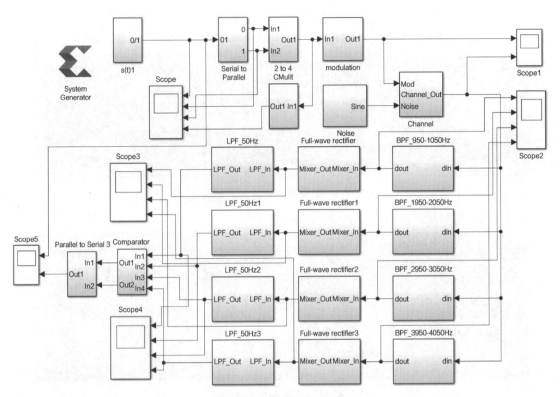

▲图 6.3 4FSK 的 SysGen 设计

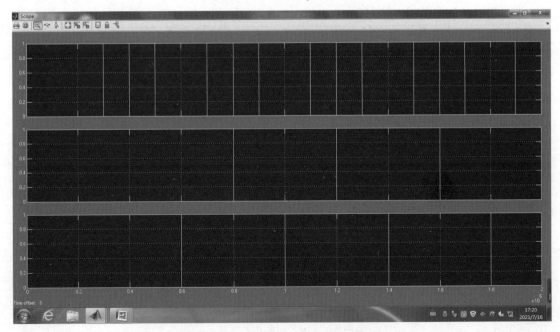

▲图 6.4 原始波形以及串并变换后的波形

由 Scope 模块观察四电平信号仿真波形如图 6.5 所示。

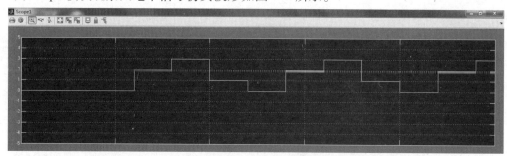

▲图 6.5   四电平信号的 SysGen 仿真

得到的已调信号仿真波形如图 6.6 所示。

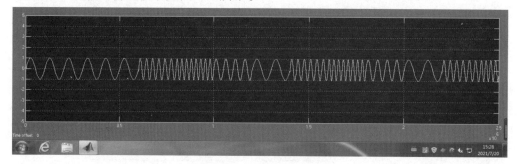

▲图 6.6   已调信号波形

加入噪声之后的波形,如图 6.7 所示。

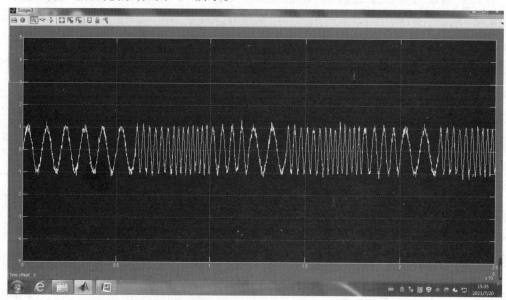

▲图 6.7   加入噪声之后的波形

经过带通滤波器之后的波形,如图 6.8 所示。

经过全波整流之后的波形,如图 6.9 所示。

经过低通滤波之后的波形,如图 6.10 所示。

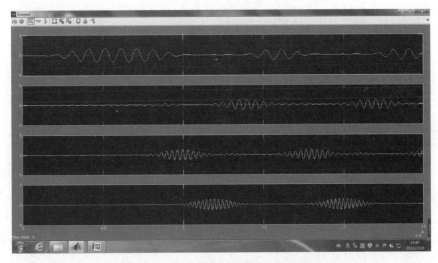

▲图 6.8 经过带通滤波器之后的波形

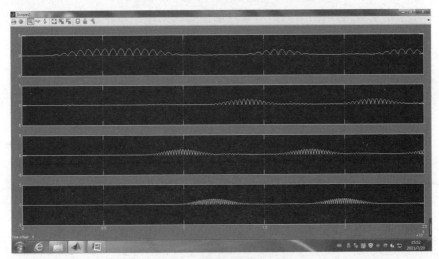

▲图 6.9 全波整流之后的波形

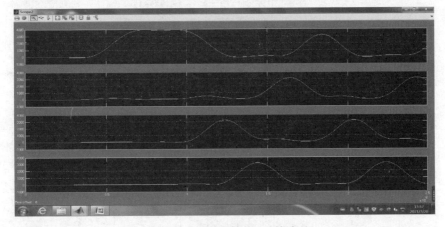

▲图 6.10 低通滤波之后的波形

解调之后得到的波形,如图 6.11 所示。

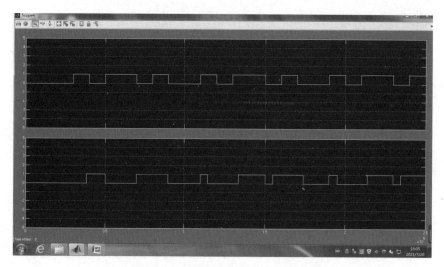

▲图 6.11　原始信号与解调之后的信号

从仿真结果图来看,解调出来的信号与原始信号相比存在差异。

3）4FSK 通信系统测试

完成 4FSK 通信系统的 SysGen 设计仿真后,按照图 6.12 添加 DAC 模块,按照 3.2 节方法生成 bit 文件,并将 bit 文件导入 FPGA,用 Analog Discovery 2 观察波形如图 6.12 所示。

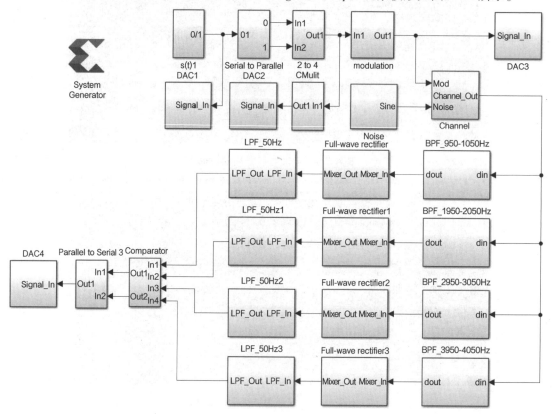

▲图 6.12　4FSK 通信系统的 DA 设计

串并变换的测试结果，如图 6.13 所示。

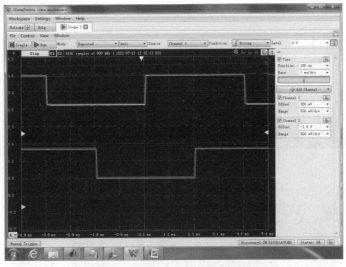

▲图 6.13 串并变换的测试结果

生成四电平信号，如图 6.14 所示。

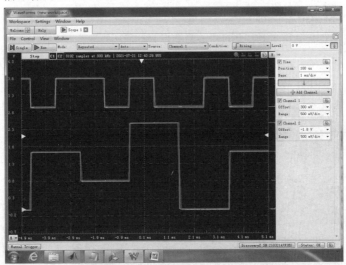

▲图 6.14 四电平信号的波形

调制之后的波形，如图 6.15 所示。

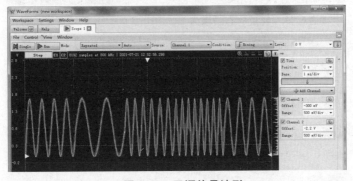

▲图 6.15 已调信号波形

加入噪声之后信号的波形,如图 6.16 所示。

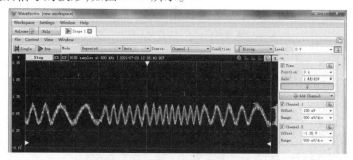

▲图 6.16　加噪后的信号波形

经过带通滤波器之后的波形,如图 6.17—图 6.19 所示。

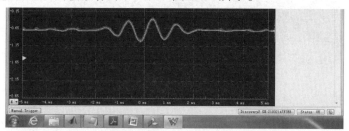

▲图 6.17　经过中心频率为 1 000 Hz 的带通滤波器

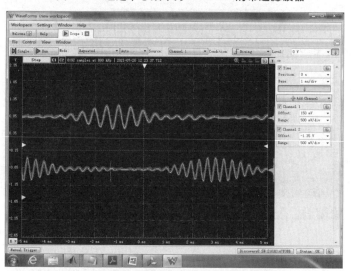

▲图 6.18　经过中心频率为 2 000 Hz、3 000 Hz 的带通滤波器

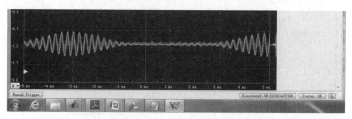

▲图 6.19　经过中心频率为 4 000 Hz 的带通滤波器

经过全波整流之后的波形，如图 6.20—图 6.21 所示。

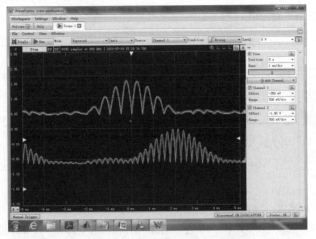

▲图 6.20 经过 1 000 Hz、2 000 Hz 全波整流的波形

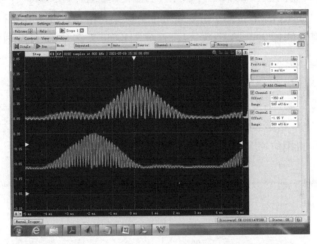

▲图 6.21 经过 3 000 Hz、4 000 Hz 全波整流的波形

解调得到的信号波形如图 6.22 所示。

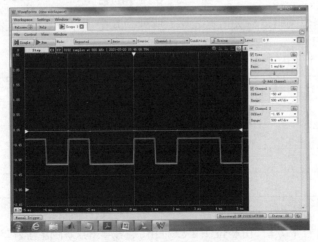

▲图 6.22 解调后的波形

6.2　QPSK 通信系统

1）QPSK 系统原理

（1）QPSK 调制原理

常用的多相制信号的产生方法主要有直接调相法、脉冲插入法、相位选择法等。一个多进制数字相位调制（MPSK）信号码元可以用以下公式表示：

$$S_k(t) = A \cos(\omega_t + \theta_k) \quad k = 1, 2, \cdots, M \tag{6.2}$$

$$M = 2^k, 其中 k 为正数 \tag{6.3}$$

式中 A 为振幅，ω 为角速度，两者都为常数，t 为调制时间。θ_k 为间隔均匀的调试相位，它的值映射了基带码元的取值情况；公式（6.3）表示相位情况个数，当 $M = 4$ 时，调制方式即为 QPSK 调制，四相相移调制是利用载波的四种不同相位差来表征输入的数字信息，是四进制移相键控。QPSK 是在 $M = 4$ 时的调相技术，它规定了四种载波相位，如图 6.23 所示，分别为 45°、+135°、225°、315°，调制器输入的数据是二进制数字序列，为了能和四进制的载波相位配合起来，则需要把二进制数据变换为四进制数据，这就是说需要把二进制数字序列中每两个比特分成一组，共有四种组合，即 00、01、10、11，其中每一组称为双比特码元。每一个双比特码元由两位二进制信息比特组成，它们分别代表四进制四个符号中的一个符号。QPSK 中每次调制可传输 2 个信息比特，这些信息比特是通过载波的四种相位来传递的。解调器根据星座图及接收到的载波信号的相位来判断发送端发送的信息比特。

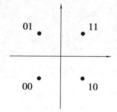

01 ● ● 11

00 ● ● 10

▲图 6.23　QPSK 相位图

QPSK 信号的相位编码逻辑关系见表 6.1 所列。其中 ab 为一组二进制输入，a 路信号表示前一位码元信号，b 路信号表示后一位码元信号。

表 6.1　QPSK 信号的相位编码逻辑关系

a	b	a 路输出	b 路输出	合成相位
1	1	0°	270°	315°
0	1	180°	270°	225°
0	0	180°	90°	135°
1	0	0°	90°	45°

以 π/4QPSK 信号来分析，由相位图可以看出，当输入的数字信息为"11"码元时，输出已调载波为：

$$A\cos\left(2\pi f_c t + \frac{\pi}{4}\right) \tag{6.4}$$

当输入的数字信息为"01"码元时,输出已调载波为:

$$A\cos\left(2\pi f_c t + \frac{3\pi}{4}\right) \tag{6.5}$$

当输入的数字信息为"00"码元时,输出已调载波为:

$$A\cos\left(2\pi f_c t + \frac{5\pi}{4}\right) \tag{6.6}$$

当输入的数字信息为"10"码元时,输出已调载波为:

$$A\cos\left(2\pi f_c t + \frac{7\pi}{4}\right) \tag{6.7}$$

QPSK 调制的设计流程图如图 6.24 所示。

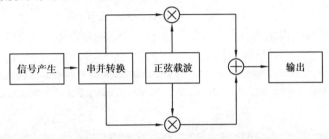

▲图 6.24　QPSK 调制系统设计流程图

　　其中串并转换模块是将码元序列进行 I/Q 分离,转换规则可以设定为奇数位为 I,偶数位为 Q。例如,1011001001:I 路:11010;Q 路:01001。载波是分别将 I 路信号与 sin 载波相乘,Q 路信号与 cos 载波相乘。

(2)QPSK 解调原理

QPSK 解调系统的设计流程图如图 6.25 所示。

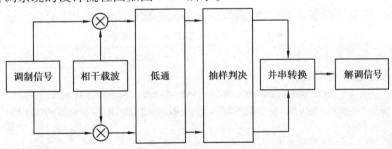

▲图 6.25　QPSK 解调系统设计流程图

　　该设计中,相干载波模块用来产生两路正交载波信号,然后将由调制系统产生的已调信号与两路载波信号经过乘法器 Mult 相乘,经过 LPF 低通滤波器模块,再通过 Judger 模块进行定时脉冲抽样判决,经过并/串转换模块将两路信号变为一路串行输出,输出结果即解调信号。

2）QPSK 通信系统的 SysGen 设计

　　通过各个模块设计之后,将各个模块正确地连接,形成 QPSK 的 SysGen 设计,设计图如图 6.26 所示。

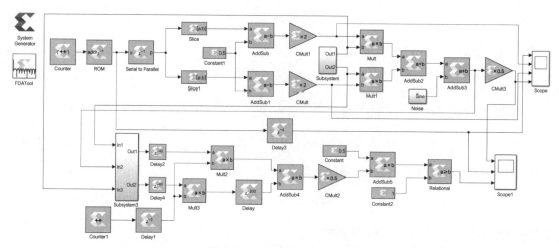

▲图 6.26   QPSK 的 SysGen 设计

由 Scope 模块观察软件仿真如图 6.27 所示。一通道是基带信号二进制序列,二通道是分离的双极性序列之一,三通道是分离的双极性序列之二,四通道是 QPSK 信号波形。

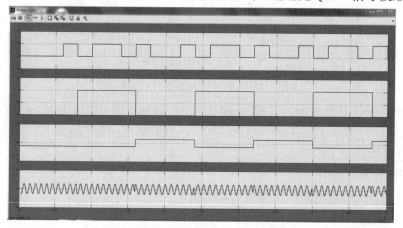

▲图 6.27   QPSK 的 SysGen 仿真 1

由 Scope1 模块观察软件仿真如图 6.28 所示。一通道是 QPSK 信号波形;二通道是基带信号序列,三通道是解调出的信号。

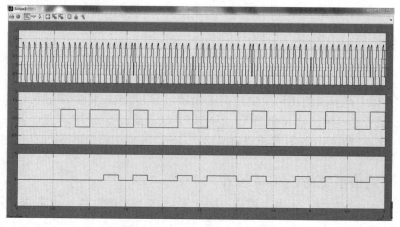

▲图 6.28   QPSK 的 SysGen 仿真 2

3）QPSK 通信系统测试

完成 QPSK 通信系统的 SysGen 设计仿真后，按照图 6.29 添加 DAC 模块，按照 3.2 节方法生成 bit 文件，并将 bit 文件导入 FPGA，用 Analog Discovery 2 观察波形如图 6.30—图 6.31 所示。

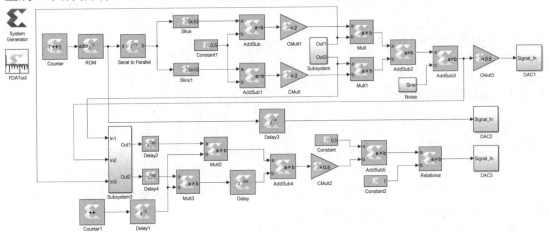

▲图 6.29　QPSK 通信系统的 DA 设计

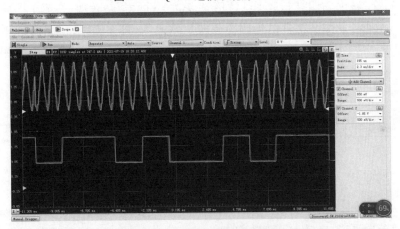

▲图 6.30　QPSK 通信系统的测试 1

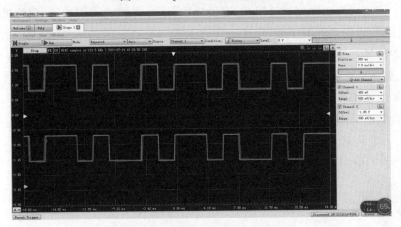

▲图 6.31　QPSK 通信系统的测试 2

从图 6.30—图 6.31 可以看出,其中第一路为 QPSK 信号波形,第二路为解调信号波形,第三路为基带信号波形,第四路为解调信号波形。使用 Analog Discovery 2 经由 WaveForms 观察到的信号与在 SIMULINK Scope 中观察到的 QPSK 相干解调信号序列与基带序列波形一致,由 AD2 测量出的频率与设置的频率相同,硬件验证正确。

6.3　16QAM 通信系统

6.3.1　16QAM 调制原理

为了确保通信的效果,最大限度地克服远距离的信号的传输中遇到的问题,只能通过调制的方式将信号频谱搬移到高频的信道中进行传输,这种把要发送的信号搬移到高频信道的过程就称为调制。实际工程应用中,不论是数字信号还是模拟信号,调频、调幅和调相是三种最基本的调制方式。其他的各种调制方式基本都是以上各种方法的优化或者组合,调幅和调相的组合形成了 QAM 即正交幅度调制。

16QAM 传输系统即十六进制正交振幅调制系统。该系统的调制原理为:首先将一路二进制数字基带信号转换为四进制数字基带信号,之后进行串/并转换,生成了两路四进制数字基带信号。一路四进制数字基带信号调制载波余弦函数,即 I 支路;一路四进制数字基带信号调制载波正弦函数,即 Q 支路。最后将两路相互正交的信号叠加成一种振幅相位联合键控的已调信号。如图 6.32 为 16QAM 信号产生框图。

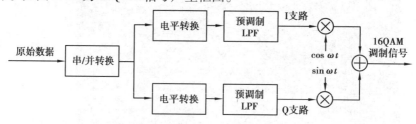

▲图 6.32　16QAM 信号产生框图

从实现的角度来说,16QAM 的调制原理为:

①一路串行的二进制序列通过串/并变换模块,按照奇数进入同相路、偶数进入正交路的方式,变成两路并行的二进制序列。

②两路并行的二进制序列分别进入 2/4 电平变换,即将原本的二进制数变成 4 个由 16QAM 星座图设定的十进制数,对照关系为 00,01,11,10 分别对应于 -3,-1,1,3。

③将 2/4 电平转换后的信号送入低通滤波器,滤除较小的抖动波。

④滤波后的信号进入相乘器,载波 $\cos \omega_c t$ 与同相路波 $S_I(t)$ 相乘变为式(6.8),

$$S_I(t)\cos \omega_c t \tag{6.8}$$

载波 $\cos \omega_c t$ 经过相位移动 90° 与正交路波 $S_Q(t)$ 相乘变为式(6.9)。

$$- S_Q(t)\sin \omega_c t \tag{6.9}$$

⑤两路波形经过相乘器后,进行相加,变为式(6.10),

$$S_I(t)\cos \omega_c t - S_Q(t)\sin \omega_c t \tag{6.10}$$

16QAM 的复数据信息可以表示为式(6.11):

$$d_i = l(2p - 3) + jl(2q - 3) = A_i + jB_i \tag{6.11}$$

其中,$p,q \in \{0,1,2,3\}$;l 为常数。我们可以写出 16QAM 的复数基带信号的表达为式(6.12):

$$
\begin{aligned}
m(t) = m_1(t) + jm_Q(t) &= \sum_{i=-\infty}^{\infty} d_i g(t - iT) \\
&= l \sum_{i=-\infty}^{\infty} g(t - iT)[(2p - 3) + (2p - 3)j] \\
&= \sum_{i=-\infty}^{\infty} [A_i g(t - iT) + jB_i g(t - iT)]
\end{aligned} \tag{6.12}
$$

式中,$g(t)$ 为形成的脉冲波形。同相分量 $m_1(t)$ 和正交分量 $m_Q(t)$ 各有 4 个电平,且取值相互独立。16QAM 的表达为式(6.13):

$$
\begin{aligned}
S_{16QAM}(t) &= \mathrm{Re}[m(t)\exp(\omega_c t)] \\
&= \sum_{i=-\infty}^{\infty} A_i g(t - iT)\cos 2\pi f_c t - B_i g(t - iT)\sin 2\pi f_c t
\end{aligned} \tag{6.13}
$$

6.3.2   16QAM 解调原理

解调即从携带了消息的已经调制过的信号中恢复消息的过程。在各类通信系统中,发送端发出了消息,必须先经过调制与载波相乘,产生了一个携带这个消息的信号。接收端想要使用消息,必须对传输来的信号进行恢复,恢复的这个过程就是解调。

16QAM 的解调过程其实也就是调制过程的逆过程,结果应当是将 16QAM 信号恢复为初始信号。对 16QAM 信号的接收,一般可以使用的是正交相干解调的方法。将调制完输入的16QAM 信号分成三条支路输出,其中的一路信号作载波恢复,产生两路正交相干载波,然后这两路正交相干载波分别再和两路信号输出相乘之后进行低通滤波。两路信号经低通滤波后,进行多电平转换,转换成方波信号后输出。两路输出信号再进行电平的转换,从四进制数字基带信号转换为二进制数字基带信号,相加后再经过一个并/串转换的过程,恢复为原始数据。图 6.33 为 16QAM 信号解调框图。

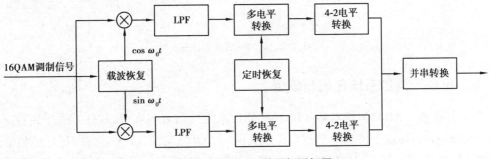

▲图 6.33   16QAM 信号解调框图

从实现的角度来说,16QAM 的解调原理为:

①经过调制后的信号分为两路进入相乘器与载波相乘,通过载波 $\cos \omega_c t$ 和载波 $\cos \omega_c t$ 经过相位移动 90°后各自提取出同相分量和正交分量。公式分别为式(6.14)、式(6.15):

$$y_1(t) = y(t)\cos \omega_c t = S_1(t)/2 + 1/2 \times [S_1(t)\cos 2\omega_c t - S_Q(t)\sin 2\omega_c t] \qquad (6.14)$$

$$y_Q(t) = y(t)(-\sin \omega_c t) = S_Q(t)/2 - 1/2 \times [S_1(t)\sin 2\omega_c t + S_Q(t)\cos 2\omega_c t] \qquad (6.15)$$

②与载波相乘后的信号进入低通滤波器形成包络波形。

③之后再进入采样判决器,选取合适的采样点形成两路并行的二进制序列。

④最后两路并行的二进制序列进入并/串变换模块,按照与调制相对应的奇偶原则形成一路串行的二进制序列,得到的原始二进制信号,完成解调过程。

6.3.3   16QAM 星座图

QAM 调制信号的矢量端点在信号空间中的分布有多种形式,通常把调制信号矢量端点在空间中的分布形式称为调制星座图。与别的数字调制方式相类似,QAM 信号发生的信号集可以用星座图这种直观的方式来方便地表示,发射信号集上的点在星座图上的星座点中都能找到对应的。星座点一般采用的都是垂直及水平方向等间隔的正方形网格配置,当然,有时也会有其他配置出现。QAM 星座图中的各个星座点都是充分地利用了平面的空间,这样的结果是,在并没有增加了平均功率的情形下,星座点之间的最小距离却增大了。作为频谱非常高效的调制方案,QAM 目前以及今后都会在无线通信的领域得到极其广泛的应用。从图 6.34 16QAM 星座图中可以看出:

16 个星座点分别对应着"0000""0001"…"1111"这 16 个符号,按照此种模式来产生的 16QAM 信号共有 3 种振幅和 12 种相位,从而可以进一步体现出正交振幅调制的理念。16QAM 信号中的各个星座点的幅度是可以变化的,这说明了 16QAM 信号已调波的包络是可以内在变化的,这一点对在信道中传输性能的影响是非常大的。

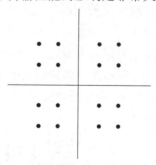

▲图 6.34   16QAM 星座图

6.3.4   16QAM 通信系统总仿真模型

为了实现基于 XILINX FPGA 的 16QAM 通信系统的仿真与实现,软件方面采用在 system generator(SysGen)环境下搭建模型的方式,之后导入 XILINX FPGA 平台,在"现代通信综合实验系统"上进行设计验证。16QAM 总仿真模型如图 6.35 所示。下面,将详细介绍 16QAM 的仿真模型。

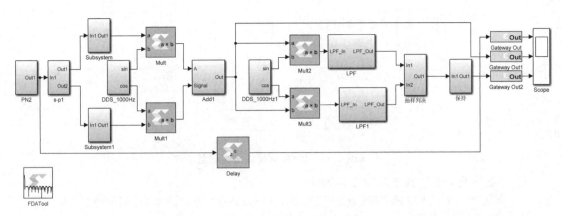

▲图 6.35　16QAM 总仿真模型

1）16QAM 调制模块

16QAM 调制模块在 SysGen 环境中的仿真基本思路为：首先，产生一串二进制单极性序列，之后将二进制单极性序列转换为四进制单极性序列，再经过串/并转换模块产生两路四进制单极性序列。将这两路四进制单极性序列进行极性转换，转换为两路双极性四进制序列。再分别与载波相乘后相加，产生 16QAM 信号。至此，16QAM 调制部分全部完成。16QAM 调制部分仿真模型如图 6.36 所示。

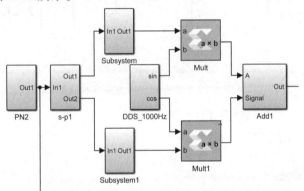

▲图 6.36　16QAM 调制部分仿真模型

2）PN 序列模块

PN 序列模块功能为：先使系统产生一串二进制序列，然后将这串二进制序列转换为四进制序列输出，得到原始 PN 序列。

PN 序列模块实现方法：先使用一个 Counter 计数器模块，再使用 Rom 模块进行存储，使用 Constant 模块将存储好的数据与"0"进行比较（大于"0"则为真，输出"1"；小于"0"则为假，输出"0"）。从而产生了一串随机二进制序列。将这串二进制序列通过 Convert 模块改变其数据类型，使其可以进行运算。之后将这串二进制序列分为两路，其中一路使用 Delay 模块给予 1 个单位的延迟后经 CMult 模块乘以 2，再与另一路二进制序列经 Addsub 模块相加，使其转换为一路四进制序列，原始 PN 序列生成。

PN 序列模块仿真模型如图 6.37 所示。

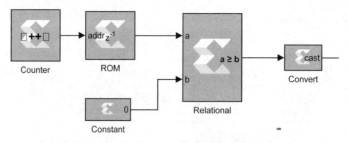

▲图 6.37 PN 序列模块仿真模型

二进制转换为四进制波形如图 6.38 所示。

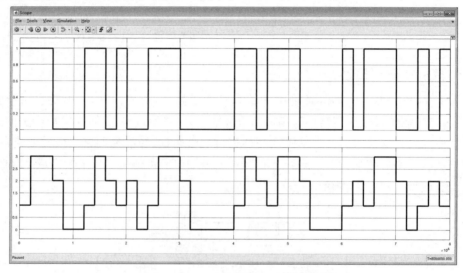

▲图 6.38 二进制转换为四进制波形

二进制随机序列：1 1 1 0 0 0 1 1 0 1

四进制转换序列：1 3 3 2 0 0 1 3 2 1

3）串/并转换模块

串/并转换模块功能为：将一路四进制序列转换为两路四进制序列，使其每一路传输速率变为原来的一半。

串/并转换模块实现方法为：通过一个软件库中自有的 Serial to Parallel 模块以及两个 Slice 模块即可实现串/并转换功能。

串/并转换模块仿真模型如图 6.39 所示。

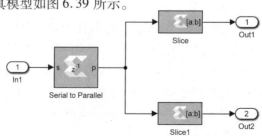

▲图 6.39 串/并转换模块仿真模型

串/并转换前后波形如图6.40所示。

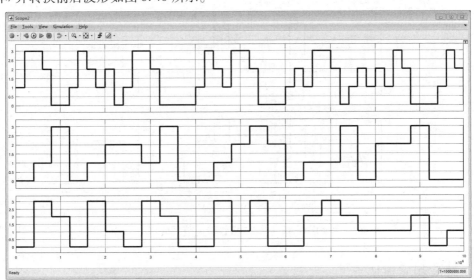

▲图6.40　串/并转换前后波形

串/并转换前序列:1 3 3 2 0 0 1 3 2 1

串/并转换后序列:

Out1:1 3 0 1 2

Out2:3 2 0 3 1

4)单/双极性转换模块

单/双极性转换模块功能为:单/双极性转换,其实就是根据映射关系,将"0、1、2、3"的序列转换为"−3、−1、1、3"的序列。

单/双极性转换模块实现方法为:将进入的单极性四进制序列通过 CMult 模块幅度扩大两倍,从"0、1、2、3"变为"0、2、4、6",之后再将输出的序列幅度经 Constant 以及 Addsub 模块减去"3",变成"−3、−1、1、3"后再输出,成为一串双极性四进制序列。单/双极性转换模块仿真模型如图6.41所示。

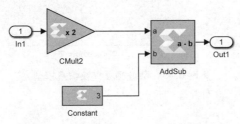

▲图6.41　单/双极性转换模块仿真模型

单/双极性转换前后波形如图6.42所示。

单/双极性转换前序列:0　1　3　0　1　2　2　1　3　0

单/双极性转换后序列:−3　−1　3　−3　−1　1　1　−1　3　−3

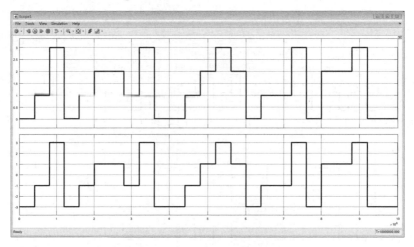

▲图 6.42　单/双极性转换前后波形

5）载波相乘模块

载波相乘模块功能：载波相乘，其实就是将之前的两路序列分别与余弦和正弦波相乘调制，得到两路信号。

载波相乘模块实现方法：将之前转换完进入的双极性四进制序列与 DDS 模块相乘，其中一路与余弦函数相乘，得到 I 路信号；另一路与正弦函数相乘，得到 Q 路信号。载波相乘模块仿真模型如图 6.43 所示。

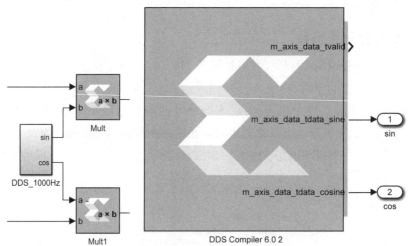

▲图 6.43　载波相乘模块仿真模型

载波相乘模块前后波形如图 6.44 所示。

6）调制实现

将相乘后得到的 I 路信号与 Q 路信号经 Addsub 模块相叠加，得到调制好的 16QAM 信号。

调制后的 16QAM 波形图如图 6.45 所示。

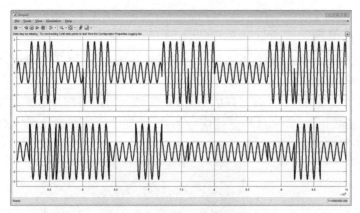

▲图6.44 载波相乘模块前后波形

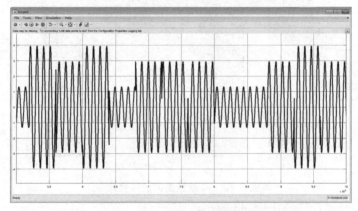

▲图6.45 16QAM调制结束波形

对比原始PN序列与调制之后的波形可发现：显然16QAM已调信号的幅度和相位均随着输入信号而发生了变化，确实充分体现了正交幅度调制这一原理。

7）16QAM解调模块

16QAM解调模块在SysGen环境中的仿真基本思路：将产生的16QAM信号经过载波恢复模块变成两路信号，将这两路信号分别经过低通滤波器滤除信号中高频的部分，为了防止影响之后的判决，后经过并/串转换模块将两路并行信号转换为一路信号，再经一个双/单极性转换模块将一串双极性四进制序列转换为一串四进制双极性转换序列，得到原始PN序列。至此，16QAM解调部分全部完成。16QAM解调部分仿真模型如图6.46所示。

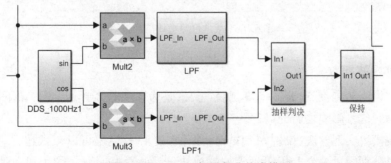

▲图6.46 16QAM解调部分仿真模型

8）载波恢复模块

载波恢复模块功能：载波恢复，其实就是将之前产生的 16QAM 信号分别与余弦和正弦波相乘调制，得到两路信号。

载波恢复模块实现方法：将调制好的 16QAM 信号分为两路信号分别与 DDS 模块相乘，其中一路与余弦函数相乘；另一路与正弦信号相乘，得到了两路新的信号。载波恢复模块仿真模型如图 6.47 所示。

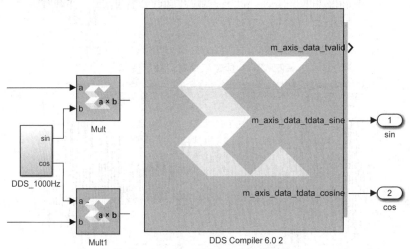

▲图 6.47　载波恢复模块仿真模型

载波恢复模块前后波形如图 6.48 所示。

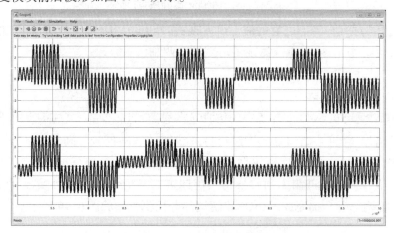

▲图 6.48　载波恢复模块前后波形

9）低通滤波模块

低通滤波模块功能：低通滤波模块，顾名思义，是为了滤除高频的信号，留下低频的信号，防止多余的高频信号影响之后的进程。

低通滤波模块实现方法：设置好 FDATool 模块，使 LPF 模块可以正常运行。将之前载波恢复后的信号分别经过一个 LPF 低通滤波器模块，滤除高频的信号，留下可以使用的低频的信号,为后续判决等模块做好准备。低通滤波模块仿真模型如图6.49所示。

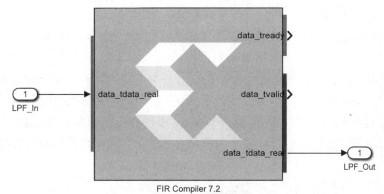

▲图6.49　低通滤波模块仿真模型

低通滤波模块前后波形如图6.50所示。

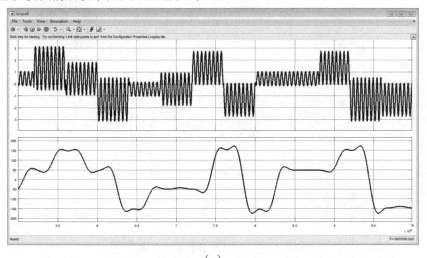

（a）

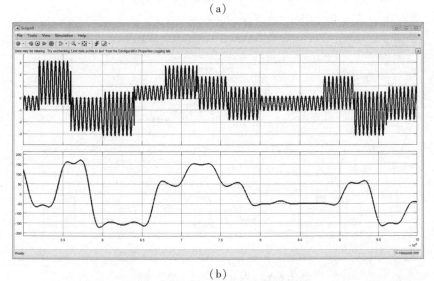

（b）

▲图6.50　低通滤波模块前后波形

10）抽样判决模块

抽样判决模块功能：抽样判决模块，目的即是将之前的信号转换为四进制双极性方波输出。

抽样判决模块实现方法：将低通滤波后的信号分为网路，其中一路经 Delay 模块产生 一个单位的延迟后与 Counter 模块产生的方波相乘；另一路同样经 Delay 模块产生一个单位的延迟后与 Counter 模块产生的方波相乘，再经一个 Delay 模块产生一个单位的延迟，与上一路信号互相错开，将两路信号叠加成一路双极性四进制方波输出。抽样判决模块仿真模型如图 6.51 所示。

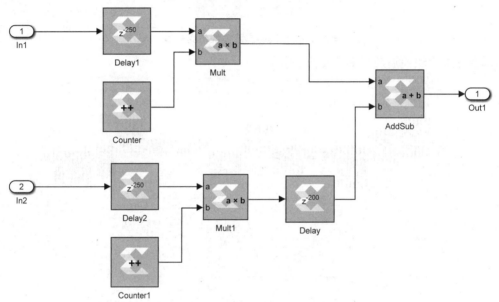

▲图 6.51　抽样判决模块仿真模型

抽样判决模块前后波形如图 6.52 所示。

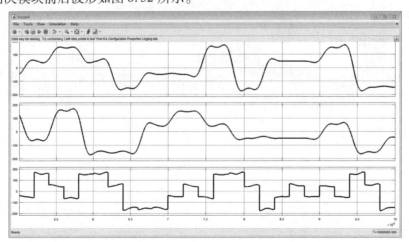

▲图 6.52　抽样判决模块前后波形

11）波形保持模块

波形保持模块功能：经抽样判决模块后，波形是不规则的四进制双极性方波，我们需要得到的是标准的单极性四进制方波，所以需要经过一个波形的保持以及极性的转换。

波形保持模块实现方法：将抽样判决完产生的一路双极性四进制序列分为以下四路：

第一路信号幅度经 Constant 模块与 Addsub 模块后减去 100，再经一个 Threshold 模块使波形保持平整，后将输出信号经 Relational 模块与由 Constant 模块输出的"0"作比较，大于"0"为真，则输出"1"；小于"0"为假，则输出"0"。将处理好的信号经 Convert 模块改变信号类型，使其可以进行乘法运算，经 CMult 模块后乘以"3"，得到单极性四进制序列中的"3"。

第二路信号经一个 Threshold 模块使波形保持平整，后将输出信号经 Relational 模块与由 Constant 模块输出的"0"作比较，大于"0"为真，则输出"1"；小于"0"为假，则输出"0"。再经 Convert 模块改变数据类型使其可以进行运算，改变后的信号减去第一路经 Convert 模块改变后的信号，再经 CMult 模块乘以"2"，得到单极性四进制序列中的"2"。

第三路信号经一个 Threshold 模块使波形保持平整，后将输出信号经 Relational 模块与由 Constant 模块输出的"0"作比较，小于"0"为真，则输出"1"；大于"0"为假，则输出"0"。再经 Convert 模块改变数据类型使其可以进行运算。

第四路信号幅度经 Constant 模块与 Addsub 模块后加上 100，再经一个 Threshold 模块使波形保持平整，后将输出信号经 Relational 模块与由 Constant 模块输出的"0"作比较，小于"0"为真，则输出"1"；大于"0"为假，则输出"0"。将处理好的信号经 Convert 模块改变信号类型使其可以进行运算。之后经 Addsub 模块使用之前得到的第三路信号减去现在的第四路信号，得到单极性四进制序列中的"1"。

将处理完成的第一路、第二路、第四路信号经 Addsub 模块相叠加，得到了由"0""1""2""3"组成的单极性四进制序列。

波形保持模块仿真模型如图 6.53 所示。

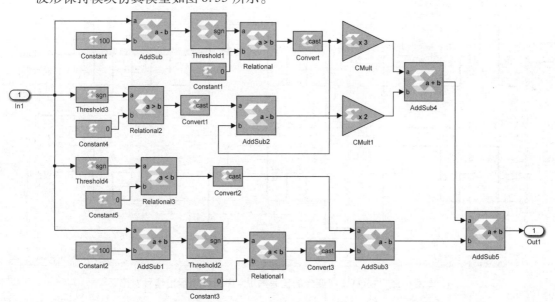

▲图 6.53　波形保持模块仿真模型

波形保持模块前后波形如图 6.54 所示。

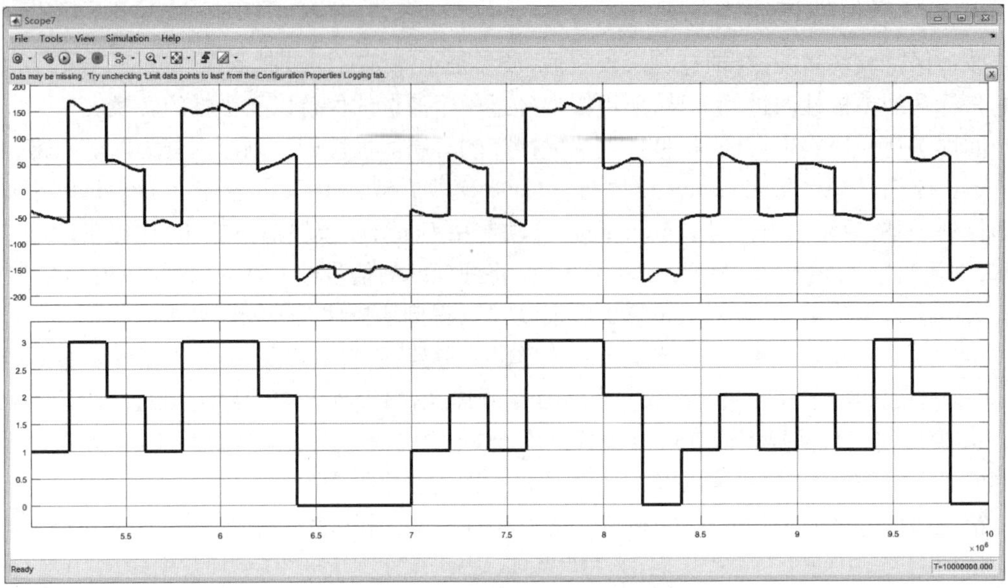

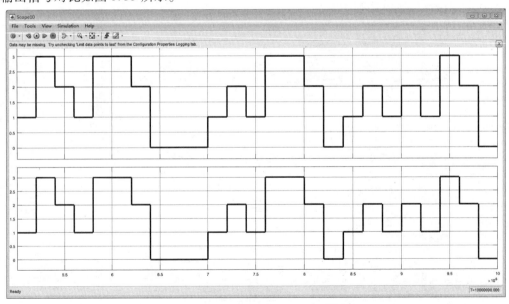

▲图 6.54　波形保持模块前后波形

12）解调实现

将波形保持后的信号与原 PN 序列模块输出的信号做对比,由于调制解调中的一些不可抗因素,使中间有了五个单位的延迟,通过 Delay 模块给予五个单位的延迟后,可以对比发现,两路信号完全一致。至此,16QAM 解调过程全部完成。16QAM 解调后的信号与 PN 序列模块输出信号对比如图 6.55 所示。

▲图 6.55　16QAM 解调后的信号与 PN 序列模块输出信号对比

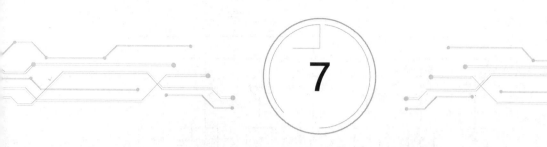

7

扩频通信系统设计与实践

7.1 直接序列扩频系统

在频域中,通过扩展信号的频谱来生成扩频信号,可增强信号抵抗频域窄带干扰的能力,使直接序列扩频通信在各领域广泛应用。扩频通信的理论基础是香农定理,当信道的带宽 B 增大,信道信息速率增大;当信道信噪比 S/N 变大,信道信息传输速率变大。如果信道传输速率不变,可用带宽增大来降低对信道信噪比 S/N 的要求,即提高了通信系统的抗噪声性能。本此实验仿真的数字通信系统首先对基带信号扩频后,采用 2PSK 调制送到高斯信道中传输,在接收端对接收信号相干解调、解扩后通过低通滤波后进行抽样判决。直接序列扩频通信系统如图 7.1 所示。

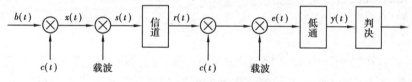

▲图 7.1　直接序列扩频原理

扩频通信中需要扩频码对基带信号进行扩频,扩频码有以下种类,m 序列、gold 码、M 序列、Walsh 码等。扩频码用于区分不同的用户,其理想状态为两两正交,从下行看,扩频码区别的是一个小区的不同链路连接;从上行看,扩频码区别的是同一个终端的不同物理信道。下面将逐一介绍 m 序列、Gold 码、M 序列及 Walsh 码的特性,并通过仿真及硬件平台测试其特性。

7.1.1 m 序列

1）m 序列特性以及结构

伪随机序列有很多种类,但是其中大多数的种类都是用 m 序列作为基础来进行构建的,m 序列也是在扩频通信中最先得到大范围运用的码序列。

m 序列生成器是由 n 级移位寄存器构成的,其最大长度就是 2^n-1,其中 m 序列电路原理图如图 7.2 所示。

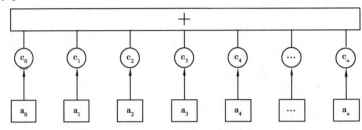

▲图 7.2　m 序列电路原理图

移位寄存器全部由外部的输入时钟控制,当时钟来临时,移位寄存器开始移位输出其中的数据。用 $\{l_m\} = \{l_1, l_2, l_3, l_4, \cdots\}$ 表示移位寄存器的输出序列,则输出序列的生成函数的定义为:

$$G(x) = \sum_{k=0}^{\infty} l_k x_k \tag{7.1}$$

如果取 $l_{-1} = l_{-2} = l_{1-m} = 0, l_{-m} = 0$,则生成函数为:

$$G(x) = \frac{1}{f(x)} = \frac{1}{\sum_{k=1}^{n} C_k x_k + 1} \tag{7.2}$$

$f(x)$ 即为该序列的特征多项式,而其倒数就是移位寄存器的初始状态为 00000…001 的生成函数。

m 序列也拥有很多良好的性能,通常一个 m 序列拥有三种特性,分别是移位相加特性、游程特性和平衡特性。

①移位相加特性:一个 m 序列 $\{l_m\}$ 在经过了若干时钟周期之后产生的一个新的不同的序列 $\{l_{m+k}\}$,与原序列模 2 相加之后得到的结果仍然是这个 m 序列的延迟移位之后得到的序列,也就是 $\{l_{m+r}\}$,即 $\{l_m + l_{m+r}\} = \{l_{m+k}\}$。

②平衡特性:在一个 n 级的 m 序列生成器中,所有的移位寄存器一共有 2^n 种状态,除去一个全 0 状态,还有 $2^n - 1$ 种状态。在 m 序列的周期 $2^n - 1$ 种,状态为 1 的码元出现的次数为 $2^n - 1$,0 状态的码元出现的次数则为 $2^{n-1} - 1$ 次,也就是说,0 出现的次数比 1 出现的次数要少一次,但是两者出现的概率是相等的。

③游程特性:一个序列周期中连续排列的且取值相同的码元的集合就叫做游程,在一个游程中码元的个数就被称为游程长度。

2）m 序列生成器电路设计

为了搭建 m 序列生成器,选用了 Simulink 作为搭建平台,具体电路仿真设计图如图 7.2 所示。首先配置好 System Generator 模块,该模块可以将电路转化成 Verilog 文件,并通过 Vivado 软件产生电路验证所需要的 bit 文件。图 7.3 设计的是一个四级的 m 序列生成器,电路中有 4 个移位寄存器,使用 Constant 模块来作为时钟,使寄存器一直工作,并将 4 个移位寄存器中的数据实时发送到示波器中。最后生成的 m 序列输入到 MATLAB 中的工作区,在可视化的窗口中可以直观地对结果进行观察、验证。m 序列生成器仿真结果图如图 7.4 所示,状态转移图如图 7.5 所示。

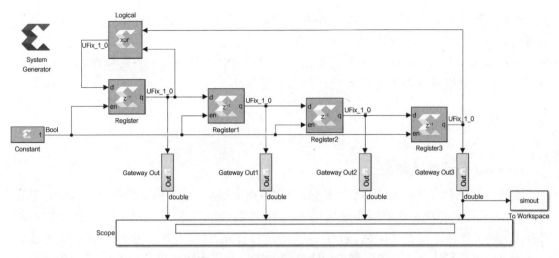

▲图7.3　m序列生成器电路仿真设计图

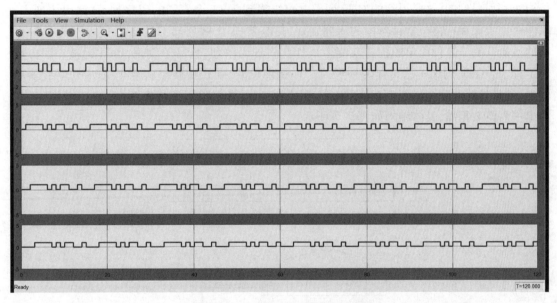

▲图7.4　m序列生成器仿真结果图

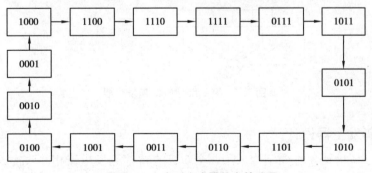

▲图7.5　m序列生成器状态转移图

从状态转移图中可以看出,4 级 m 序列周期为 15,共 60 个系统时钟单位。4 级移位寄存器的初始输入为 1000,由电路图可以看出该序列的特征多项式为 $f(x)=1+x+x^4$,则生成函数 $G(x)=1/(1+x+x^4)=1+x^2+x^7+\cdots$,所以输出的序列是 10100001⋯与状态转移图相对比,生成序列与计算结果相同,m 序列生成器设计仿真正确。

7.1.2　Gold 码

1）Gold 码特性及结构

虽然 m 序列拥有良好的伪随机数特性,且构造简单,但 m 序列的生成序列条数相对是比较少的,这不利于 CDMA 等扩频多址通信系统的应用,Gold 码就应运而生。相比来说,Gold 码可用的码条数远远大于 m 序列,而且 Gold 码还拥有 m 序列的诸多优点,因此作为地址码 Gold 码可以说是很适合的一种码型了。Gold 码的生成方式为用一对相同的 m 序列优选对进行模 2 相加得到的,这样得到的 Gold 码总共可以得到 2^n+1 个不同的码序列,这些码序列中,除两个原始保存在移位寄存器中的序列之外,其他 2^n-1 个序列都不是 m 序列也不具有 m 序列的性质。由于这种简单的构造就能生成如此多的码序列,且易于实现,Gold 码被广泛应用于工程中。Gold 码结构总共有两种形式。一是乘积型,乘积型就是将两个 m 序列生成器串联在一起,具体原理图如图 7.6 所示。二是模 2 和型,模 2 和型则是将两个 m 序列优选对的输出序列模 2 相加,具体结构如图 7.7 所示。

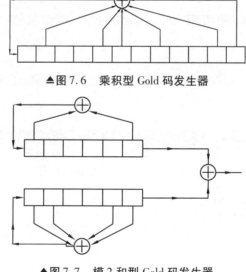

▲图 7.6　乘积型 Gold 码发生器

▲图 7.7　模 2 和型 Gold 码发生器

2）Gold 码发生器设计

本章设计的 Gold 码发生器结构采用两个 6 级的 m 序列发生器相并联构成,具体结构如图 7.8 所示。

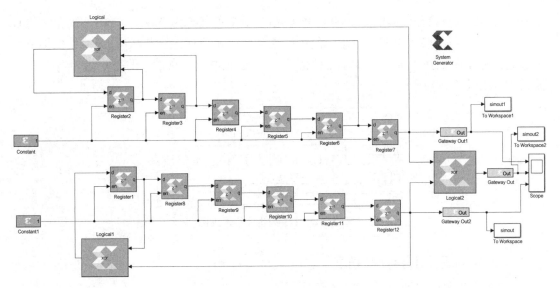

▲图7.8 Gold 码生成器仿真设计图

设计中采用的 m 序列优选对为 1100111 和 1000011，两个 6 级 m 序列可以搭建出一个周期为 63 的 Gold 码，图 7.9 中的第二个波形图即为运行了 300 个仿真周期的 Gold 码仿真结果。

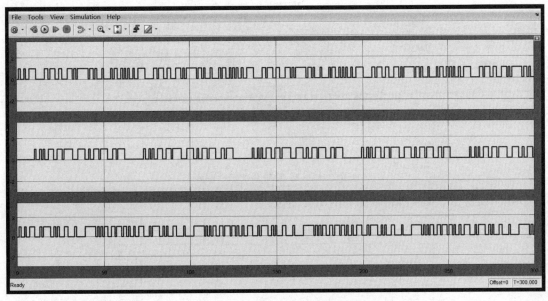

▲图7.9 Gold 码生成器仿真结果图

7.1.3 M 序列

1）M 序列结构与特性

M 序列的构造方法多种多样，本章采用的是使用 m 序列来实现 M 序列，也就是只要在 m 序列的基础上增加全 0 状态即可。在 m 序列上增加全 0 状态主要在于插入在一个合适的位置,一般来说,全 0 状态会出现在 00000…001 之后,之后的状态为 100000…00,主要是要设计一个 0 状态检测器,在 000…01 的时候输出 1,这样就能正确插入全 0 状态,用线性反馈移位寄存器生成伪随机序列,是整个 M 序列发生器设计的核心。本章设计的是 4 级 M 序列发生器,原理图如图 7.10 所示。

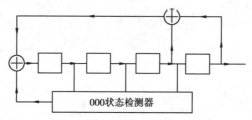

▲图 7.10　M 序列生成器原理图

2）M 序列发生器设计与仿真

M 序列发生器电路图如图 7.11 所示。

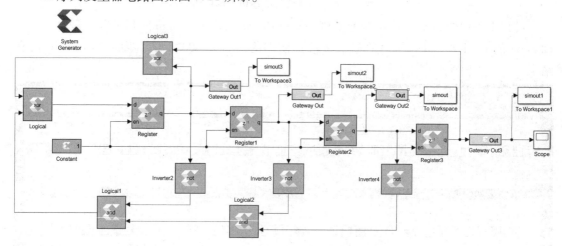

▲图 7.11　M 序列发生器电路图

M 序列仿真结果状态转移图如图 7.12 所示。

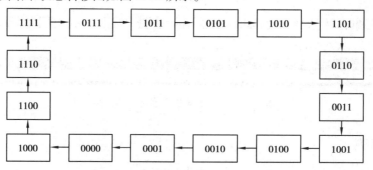

▲图 7.12　M 序列仿真结果状态转移图

该状态转移图与图 7.13 仿真波形图的仿真结果一致,周期为 2^n,所以仿真结果正确。

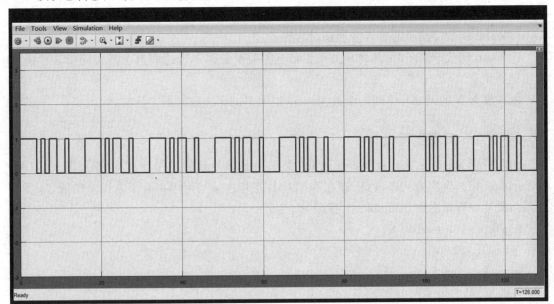

▲图 7.13　M 序列仿真波形图

7.1.4　Walsh 码

伪随机数尽管拥有很好的自相关特性,但是其互相关特性不易达到开发者的要求,如果将伪随机数码同时作为扩频码和地址吗,那么设计的系统可能会受到影响,所以目前还是采用 Walsh 码作为地址码。

1)Walsh 函数的生成

Walsh 码有主要有三种生成方式:第一种是通过莱德马契函数来实现;第二种是采用哈达玛矩阵的行或列构成;第三种是利用 Walsh 函数自身的对称性来实现。本次采用的是第二种方法,使用哈达玛矩阵的行或列来生成 Walsh 码。把 H_N 看作一个 $N×N$ 的哈达玛矩阵,那么

$$H_{2N} = \begin{bmatrix} H_N & H_N \\ H_N & \overline{H_N} \end{bmatrix} \tag{7.3}$$

$\overline{H_N}$ 是矩阵 H_N 的取反。但这样生成的哈达玛矩阵不可以直接当作 Walsh 序列直接输出,要对哈达玛矩阵进行变换,将 Walsh 序列每一行与哈达玛矩阵对应起来。设序列 $\{H_{N,j}\}$ 表示哈达玛矩阵第 j 行,用序列 $\{W_{N,j}\}$ 表示 Walsh 序列的第 j 行,设 $\{W_{N,j}\}$ 的下标 j 表示为 $X_j = (x_{i1}, x_{i2}, x_{i3}, x_{i4}, \cdots, x_{ik})$,$\{H_{N,j}\}$ 的下标 j 表示为 $C_j = (c_{i1}, c_{i2}, c_{i3}, c_{i4}, \cdots, c_{ik})$,$k = \log_2 N$,$N$ 为 Walsh 序列的阶数,二者有如下关系:

$$\begin{cases} c_{ik} = x_{i1} \\ c_{i,k-j} = x_{ij} + x_{i,j+1} \end{cases} \quad i,j = 1,2,\cdots,k-1 \tag{7.4}$$

Walsh 码序列因此也拥有以下几点的特性:

①在半开区间 $[0,1)$ 上正交;

②除 $\mathrm{Wal}(0,t)$ 之外,其他 $\mathrm{Wal}(n,t)$ 在半开区间 $[0,1)$ 上的均值为 0;

③两个 Walsh 函数相加,结果还是 Walsh 函数;

④Walsh 函数在同步的时候波形是对称的;

⑤Walsh 函数不同步时,其自相关系数和互相关系数都不理想而且会随着同步误差值增大快速恶化;

⑥长度为 N 的 Walsh 序列的个数为 N,这说明 Walsh 函数集是完备的。

2）Walsh 码发生器设计

由于只用 Simulink 来设计 Walsh 码发生器将会是很复杂的工作,所以本章采用 MATLAB 与 Simulink 相结合的方式来设计,即在 MATLAB 工作区编写好 Walsh 函数发生的语言代码,之后将其某一行输出到 Simulink 中,代码如下:

```
function walsh = walsh(N)
M = ceil(log2(N));
wn = 1;
for i = 1:M % 生成哈达玛矩阵
    w2n = [wn,wn;wn, ~ wn];
    wn = w2n;
end
wc = wn;
n = 0;
for p = 1:N % 判断哈达玛矩阵中某一行的上升、下降沿个数,并将其作为判断标准来组合
成 Walsh 函数
    for o = 1:N-1
        if xor(wn(p,o),wn(p,o+1)) = = 1 % 判断上升、下降沿个数
            n = n+1;
        end
    end % 将哈达玛矩阵重新排列为 Walsh 函数
    wc(n+1,:) = wn(p,:);
    n = 0;
end
walsh = wc;
    clc,clear;
    N = 64; % walsh 码阶数
    walsh = walsh(N);
    i = 8; % walsh 码编号
    walsh_i = walsh(i,:); % 将 Walsh 函数某一行输出到 Simulink 的存储模块 Walsh64 中
```

Walsh 函数发生器电路图如图 7.14 所示。

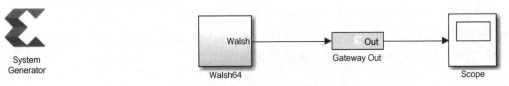

▲图 7.14　Walsh 函数发生器电路图

Walsh 函数 Simulink 示波器仿真波形图如图 7.15 所示。

▲图 7.15　Walsh 函数仿真波形图

Walsh 函数发生器 MATLAB 工作区仿真结果图如图 7.16 所示。

```
N =

    8

>> walsh=walsh(N)

walsh =

    1    1    1    1    1    1    1    1
    1    1    1    1    0    0    0    0
    1    1    0    0    0    0    1    1
    1    1    0    0    1    1    0    0
    1    0    0    1    1    0    0    1
    1    0    0    1    0    1    1    0
    1    0    1    0    0    1    0    1
    1    0    1    0    1    0    1    0
```

▲图 7.16　Walsh 函数发生器 MATLAB 工作区仿真结果图

此次仿真的是 8 阶 Walsh 函数,输出第 8 行的 Walsh 码,仿真结果与工作区结果一致,表明设计结果正确。

7.1.5　4 种扩频码序列比较

对于前面提到的 4 种扩频码序列来说,各有优劣,m 序列和其他序列比起来就是可用码序列太少了,但 m 序列发生器的构造难度可以说是最低的,而且是最稳定的也是最好验证的。Gold 码则是随机性好,而且可用码序列足够长,但 Gold 码不易于仿真验证。M 序列则拥有很大的灵活性,但其自相关系数比起其他码序列来说有点差。Walsh 码则拥有很稳定的自相关特性和互相关特性,但由于其各码所占频谱宽度不同所以不能作为扩频码,又由于其具有的正交性,Walsh 码的波形很容易能在示波器上被验证。

对于各码生成方式来说,m 序列生成器结构可以构成几乎所有扩频码序列生成器,除了 Walsh 码,这也说明了 Walsh 码的特殊性。Gold 码虽然是由 m 序列构成,但大多数码序列都不具有 m 序列的特性,并且可用码数量大,所以常被应用在工程中。M 序列的应用场合则主要是需要应用到跳频或加密码的设计。本书设计的综合实验是一个 2PSK 系统设计,由于 Walsh 码自身特性,所以无法使用 Walsh 码作为扩频码。M 序列、Gold 码则是拥有太多的可用码数,仿真耗时及仿真结果不易于观察,m 序列则长度刚好合适,而且周期性强,便于观察,所以此次设计采用 m 序列作为 2PSK 系统的扩频码。

7.1.6　扩频码序列发生器的硬件测试

1)bit 文件生成

使用 Vivado 软件可以把 SysGen 编译生成的文件直接在 Vivado 上进行仿真和管脚配置并生成 bit 文件,之后将 bit 文件下载到 FPGA 板子上,就可以使用示波器验证设计的正确性。而要在 Vivado 环境下生成 bit 文件,需要在原来仿真电路图基础上进行修改,将输出进行数模转换,将输出信号输入 DAC 模块中,在设计时可以先行将管脚配置好,四种码序列发生器用于运行在 Vivado 环境下的设计电路图如图 7.17 所示。

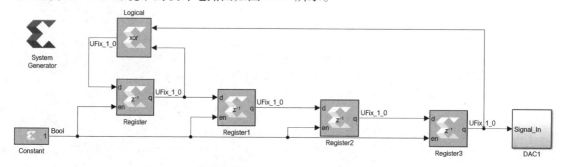

(a)m 序列发生器 SysGen 设计电路图

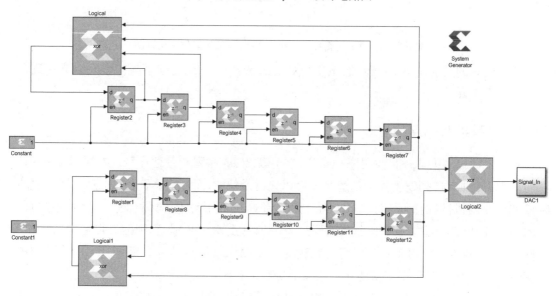

(b)Gold 码发生器 SysGen 设计电路图

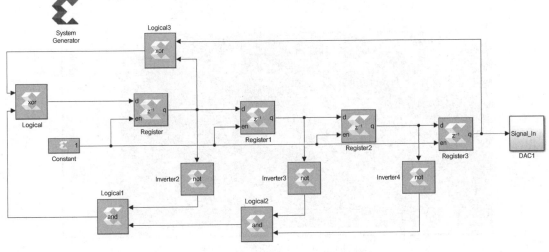

（c）M 序列发生器 SysGen 设计电路图

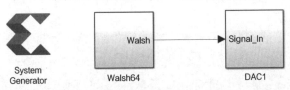

（d）Walsh 码发生器 SysGen 设计电路图

▲图 7.17　扩频码序列发生器 SysGen 设计电路图

2）扩频码序列生成器硬件电路通电测试

本次测试采用的是 Xilinx 公司的 Nexys4—DDR FPGA 开发板，图 7.18 就是各个序列生成器在开发板子上的测试结果图。

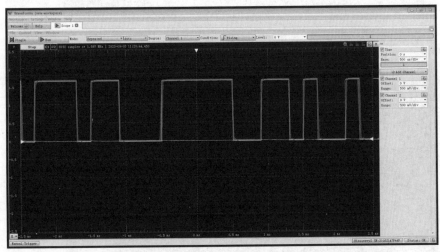

（a）m 序列码发生器测试结果图

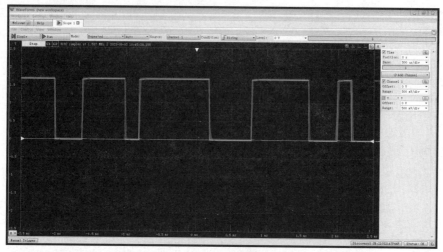

(b) Gold 码发生器测试结果图

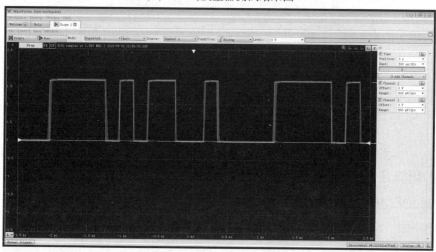

(c) M 序列发生器测试结果图

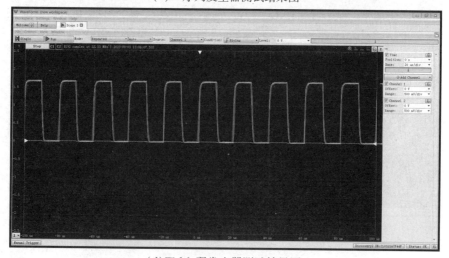

(d) Walsh 码发生器测试结果图

▲图 7.18　扩频码序列发生器测试结果图

7.2　综合实验设计与测试

7.2.1　2PSK 系统原理

数字相位调制又称相移键控,记作 PSK（Phase Shift Keying）。二进制相移键控记作 2PSK,多进制相移键控记作 MPSK。它们是利用载波振荡相位的变化来传送数字信息的。通常又把它们分为绝对相移(PSK)和相对相移(DPSK)两种。本章综合实验是设计一个 2PSK 直接序列调制扩展频谱(DS-SS)通信系统。2PSK 系统由三部分组成,信号调制、信道和解调模块构成,如图 7.19 所示。

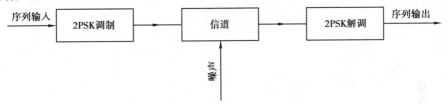

▲图 7.19　2PSK 系统原理图

2PSK 的数学模型可以被看作

$$\vartheta_{2PSK}(t) = \sum_n a_n g(t - nT_s) \cos(\omega_c t) \tag{7.5}$$

式中 ω_c 是载波频率,$g(t)$ 是要传送的数字信号,脉冲宽度为 T_s,当发送的码元为 0 时,$a_n = -1$,当码元为 1 时,$a_n = 1$,因此 2PSK 信号可以通过载波与扩频码序列相乘得到。当解调模块接收到 2PSK 信号时,要恢复原来的二进制码元则常常通过相干解调的方式完成,其数学模型为:

$$\vartheta_{2PSK}(t) = \left(\sum_n a_n g(t - nT_s) \cos(\omega_c t) \right) \cos(\omega_c t) \tag{7.6}$$

从式中可以看出,其解调方式就是用一个与发送端相同的载波信号,然后在与扩频码模 2 相加就可以得到原来的传输的信号。

7.2.2　2PSK 系统仿真

2PSK 系统电路设计图及仿真结果图如图 7.20 和图 7.21 所示。

其中 PN_m code 为 m 序列生成器的封装电路,LPF 则是使用了 Simulink 提供的 FDAtool 来设计的 50 Hz 低通滤波器,BPF 也是通过 FDAtool 来实现的一个带通滤波器。而 FDAtool 是 Simulink 内部很方便的一个工具,只需要设置滤波方式以及频率就可以设计出一个不同需求的滤波器。channel 模块则是信道模块,将扩频后的波形与高斯白噪声相加,使其变成一个受到噪声影响的信号,最后通过滤波并通过 2PSK 抽样判决器就可以还原出原来的波形。

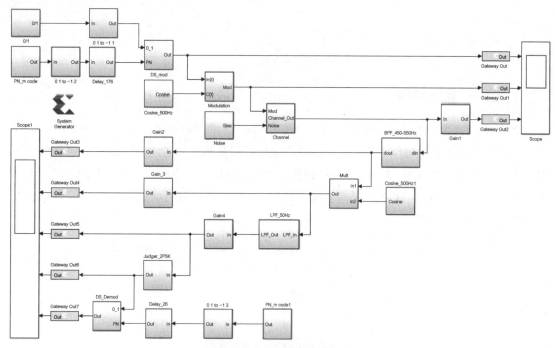

▲图 7.20　2PSK 系统电路设计图

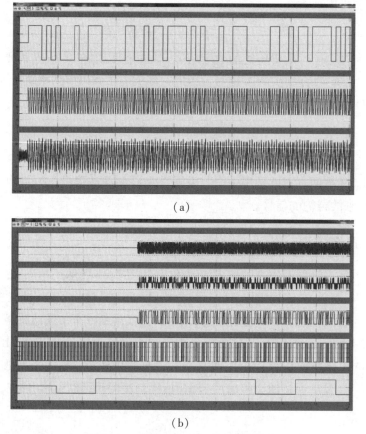

（a）

（b）

▲图 7.21　2PSK 系统电路仿真结果图

此次仿真使用的码元为 00101101,最后结果也成功地将码元恢复,所以 2PSK 设计正确。

7.2.3　基于硬件电路的 2PSK 系统测试

将图 7.20 设计电路添加 DAC 模块,经 SysGen 编译后,把生成的工程文件直接在 Vivado 上进行仿真和管脚配置并生成 bit 文件下载到 FPGA 板子中,用 Analog Discovery 2 观察波形,测试结果如图 7.22 所示。

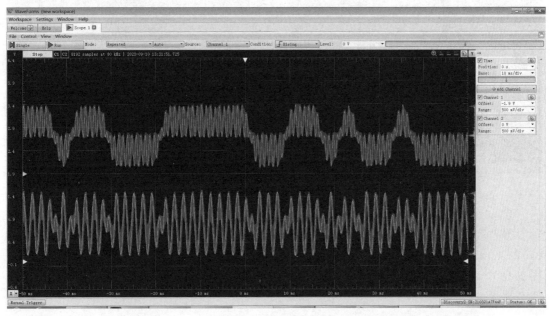

(a)

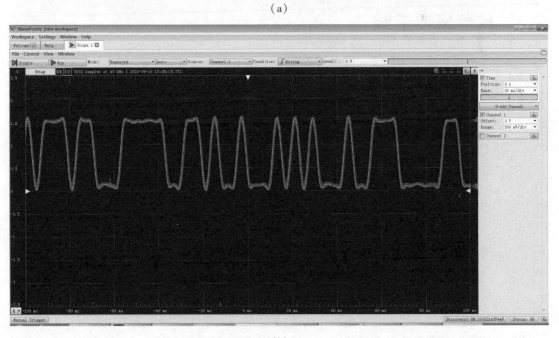

(b)

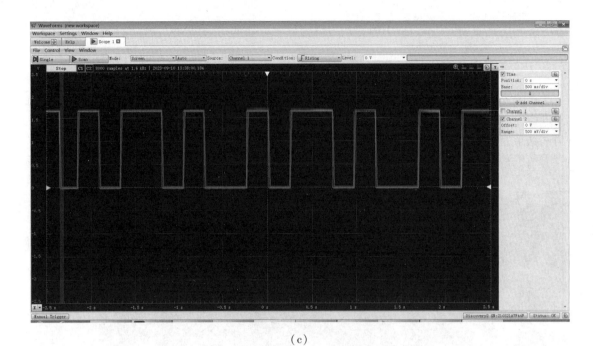

（c）

▲图 7.22　基于 FPGA 的 2PSK 系统电路测试结果图

　　图 7.22（b）的波形为图 7.22（a）第二个波形通过低通滤波器之后的结果波形,图 7.22（c）的波形为通过抽样判决器之后还原的码元波形,与输入原始码元波形相同。图 7.22 以及图 7.18 中,波形出现毛刺是因为使用了 DAC 数模转换模块,使示波器采样时出现这些波形的毛刺。

7.3　跳频通信系统

　　跳频通信中射频载波振荡器输出信号的频率由 PN 码序列来控制,若 PN 码变化则发送信号的载波频率也由此改变。和直接序列扩频系统不一样的是,跳频系统的 PN 码用来选择信道,而非直接传送。跳频通信系统的结构如图 7.23 所示。

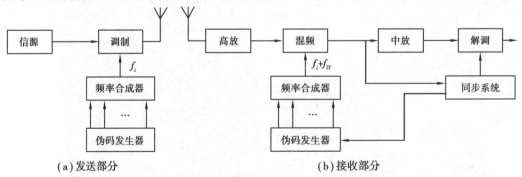

（a）发送部分　　　　　　　　　　　　　　　（b）接收部分

▲图 7.23　跳频通信系统的结构图

　　将跳频通信系统与通用通信系统作比较,最大的差别是跳频通信系统中发射器的载波发生器以及接收器的本振输出信号的频率是变化的,而一般通信系统中,两个系统输出信号的频率是固定的。

频率合成器根据 PN 码生成射频频率,对基带信号进行跳频调制,从而获得射频信号,其载波频率不断变化,将其发送至信道。接收器通高频放大器过滤接收到的信号并将其发送到频率混合器。接收器的本地载波与发送频率不同,差异是固定的中频,为一个与发送方变化规律相同的频率跳变信号。只要满足收、发双方的 PN 码保持一致,就能够让收、发双方频率合成器的输出同步,将频率混合后,获得一个不变的中频信号,对此该信号进行调制,以复原出原来发送的信号。其中,混频器将收到的信号变化为某一不变的中频信号,充当了解跳器。对于干扰,因为未知频率的跳变规律,它和本振的频率无关,混合干扰信号不能进入中频放大器的通带,被滤除出去,由此达到了抗干扰的用意。

7.3.1 跳频通信系统的工作原理

跳频序列发生器生成随机或伪随机多值序列。频率合成器将具有若干个稳定性高和精度高的参考频率,经处理后,以相同的稳定性和精密度生成离散频率。接收器的本地振荡频率与发射器的载波频率由跳频同步器保持一致。频率合成器的实际频率由跳频频率表来控制。在自适应跳频通信系统中,通常会从跳频通信的能够使用频率中选择一些频率。

设双极性数字基带信号为 $d(t)$,它可表示为

$$d(t) = \sum_{n=0}^{\infty} d_n g_d(t - nT_d) \tag{7.7}$$

式中 d_n 为信息码,其值为+1 或−1,T_d 为信息符号宽度,$g_d(t)$ 为矩形函数,能够表示成

$$g_d(t) = \begin{cases} 1 & 0 \leq t \leq T_d \\ 0 & T_d < t \end{cases} \tag{7.8}$$

若使用相移键控方式进行调制,f_i 是频率合成器产生的频率,则

$$f_i \in \{f_1, f_2, \cdots, f_N\} \tag{7.9}$$

f_i 在 $iT_h \leq t \leq (i+1)T_h$ 内包含的值为频率集 $\{f_1, f_2, \cdots, f_N\}$ 中的一个频率,且由 PN 码控制,T_h 为每个阶跃点的持续时间,由此得到的发出信号表示为

$$s(t) = d(t)\cos(\omega_i t) \tag{7.10}$$

由于基带信号的码元间距为 T_d,所以其信息速度为 $R_d = 1/T_d$,频谱宽度为 $B_d = 2/T_d = 2R_d$。将频率跳变的系统中相邻频率间距记录为 ΔF,为了避免相邻频率之的重叠,必须满足要求 $\Delta F \geq 2/T_h$。由于矩形脉冲频谱有 $\sin x/x$ 形状相似,取频距 $1/T_h$ 时,左右频率的零点由相邻频率一个峰值对应而不受干扰,因此 ΔF 可选择最小值 $\Delta F = 1/T_h$。设调频数为 N 的跳频系统,带宽为 $B_{FR} = N\Delta F = N/T_h$。跳频图案如图 7.24 所示。

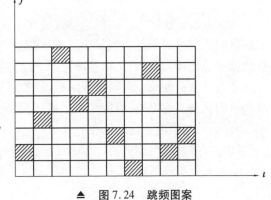

▲ 图 7.24   跳频图案

接收端收到的信号为

$$r(t) = s(t) + n(t) + J(t) + s_J(t) \tag{7.11}$$

其中,

$$s(t) = d(t)\cos(\omega_i t) \tag{7.12}$$

$s(t)$ 为有效信号, $n(t)$ 为白噪声, $J(t)$ 为滋扰信号, $s_J(t)$ 为信道中其他地址的干扰, 表示为

$$s_J(t) = \sum_{\substack{j=1 \\ j \neq i}}^{k} d_j(t)\cos(\omega_j t) \tag{7.13}$$

式中 $d_j(t)$ 为其他用户数据, k 为信道中的用户数。

相关器接收到接收信号后, 与 $\cos(\omega_i t + \omega_{IF} t)$ 进行关联计算, 此处不考虑相位问题, 则有

$$r'(t) = r(t)\cos(\omega_i t + \omega_{IF}) = s'(t) + n'(t) + J'(t) + s_J'(t) \tag{7.14}$$

其中,

$$s'(t) = \frac{1}{2}d(t)\cos(\omega_{IF}t) + \frac{1}{2}d(t)\cos(2\omega_i t + \omega_{IF}t) \tag{7.15}$$

$$n'(t) = n(t)\cos(\omega_i + \omega_{IF})t \tag{7.16}$$

$$J'(t) = J(t)\cos(\omega_i + \omega_{IF})t \tag{7.17}$$

$$s_J'(t) = \frac{1}{2}\sum_{\substack{j=1 \\ j \neq i}}^{k} d_j(t)\cos(\omega_j - \omega_i - \omega_{IF})t + \frac{1}{2}\sum_{\substack{j=1 \\ j \neq i}}^{k} d_j(t)\cos(\omega_j + \omega_i + \omega_{IF})t \tag{7.18}$$

经中频滤波器后, 有用信号

$$s''(t) = \frac{1}{2}d(t)\cos\omega_{IF}t \tag{7.19}$$

是一个不变的中频, 与不是跳频的系统发送给解调器的信号一样, 解调后可恢复出发送信号 $d(t)$。

高斯白噪声 $n(t)$ 经混频后的 $n'(t)$ 与不是跳频的系统相同, 即是跳频系统不能处理白噪声的增益。

对于干扰信号 $J(t)$, 跳频信号频率变化规律未知。频率混合后的干扰信号 $J'(t)$ 超出中频带, 无法进入解调器。仅当跳频规律与跳频信号完全相同时, 有用信号才能一直被干扰。

$s_J'(t)$ 为别的网络中生成的频率跳变信号, 在非相同网络中有不一样频率跳变图案。组网时不一样网之间的频率跳变是相互垂直的。$\omega_i + \omega_j \geqslant \omega_{IF}, i \neq j$, 因此无法构成干扰。

7.3.2　跳频通信系统的特点

①拥有抗干扰能力。跳频通信系统在十分复杂的电磁环境中能够较好地抵御滋扰, 有效地抵御频率瞄准式干扰。当频率跳变次数达到一定值, 频带宽度达到一定值, 宽带阻塞式干扰就能较好地被对抗; 当跳频速率高到一定程度时, 能较好地避免频率被跟踪的干扰。

②拥有低拦截率。跳频系统的载波频率迅速跳跃, 使敌人难以拦截所传输的信息。因为跳频队列具备不确定性, 即使敌人拦截了局部载波频率, 也无法得知无线电将要跳到哪一频率, 难以有效地拦截到通信讯息。

③拥有多址组网能力。

④拥有抵御衰落能力。

⑤易于与窄带通信系统兼容。

7.3.3　Simulink 仿真模型的建立

对于电信级通信而言, 当信息被转换成电信号后, 再通过传输设备传输到信道。收到在

信道中的信号,接收装置将其发送到信宿,并将其转换为原始信息。该过程如图 7.25 所示。

▲图 7.25　通信系统一般模型

图 7.26 所示以 DBPSK 为调制方式,跳频通信仿真模型构建在 MATLAB 的 Simulink 中。

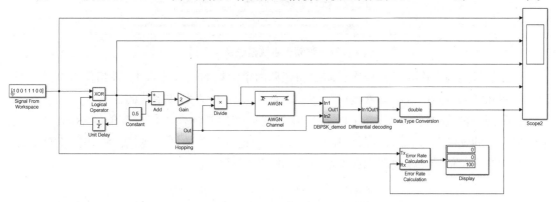

▲图 7.26　以 DBPSK 为调制方式系统仿真模型

在图 7.26 的跳频通信仿真模型中,信号经过如下处理流程。

①若发送信号为一个随机序列,每次产生的信号不同,不利于验证分析结果。为了便于验证信号解调结果,使用 Simulink 中的 Signal From Workspace 模块产生一组值为[1 0 0 1 1 1 0 0]的固定信号。

②差分编码数字基带信号。

③利用 PN Sequence Generator 模块生成周期为 15 的 m 序列,利用 Continuous-Time VCO 模块产生 4 跳频的跳频信号。

④以跳频信号为载波,采用 DBPSK 的键控法对原始信号进行调制。

⑤将调制信号发送到信道进行传输,并将一定的高斯白噪声添加到信道上。

⑥在接收方,接收信号乘以载波进行解跳,PN 码与发送端的 PN 码保持同步。

⑦通过相干解调,解调 DBPSK 调制信号以获得相对码。

⑧对获得的相对码执行逆编码以获得绝对码。与原始发送的码序列进行对比。

Simulink 主要模块的设计如下。

1) 跳频信号模块

利用 Simulink 中的 PN Sequence Generator(PN 序列发生器)模块生成周期为 15 的 m 序列。通过缓存区,将生成的 m 序列由一列的二进制序列变换为四列二进制数,通过比特到整数变换器 Bit to Integer Converte,将四列二进制数变换为一列十六进制的整数。伪随机序列发生器的二进制序列通过去缓冲器 Unbuffer 和零阶采样和保持电路,变为与其对应的整数。将该整数送入到压控振荡器 Continuous-Time VCO 的输入端。

图 7.27 为跳频子系统模块及展开图。

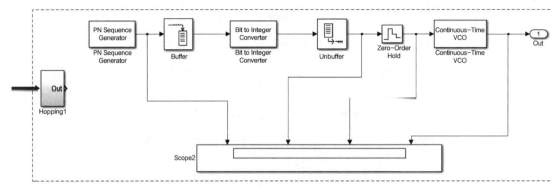

▲图 7.27　跳频子系统模块及展开图

跳频信号的输出作为载波相连到调制和解调两个模块的输入接口上,跳频信号被同步发送到调制和解调电路的载频输入接口。通过仿真,实现了收发跳频系统的任务。

在跳频子模块中的 Continuous-Time VCO 模块的作用是随输入信号幅值的不同,产生频率随之变化的连续信号,输入信号的幅值越大,产生连续信号的频率越高。模块的 I/O 必须是帧结构的标量信号。模块图标和参数设置如图 7.28 所示。

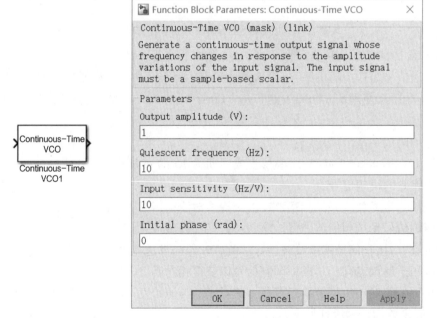

▲图 7.28　Continuous-Time VCO 模块图标和参数设置

在控制对话框中,各参数的含义见表 7.1。

表 7.1　压控振荡器参数表

参 数	意 义
Output amplitude	输出信号幅度
Quiescent frequency	输入为零时模块的输出频率
Input sensitivity	输入信号灵敏度
Initial phase	输入信号的初始相位,单位为 rad(弧度)

假定模块的 Output amplitude 为 A_c, Quiescent frequency 为 f_c, Input sensitivity 为 k_c, Initial phase 为 ϕ, 输入信号为 $u(t)$, 则压控振荡器模块的输出为

$$y(t) = A_c \cos\left(2\pi f_c t + 2\pi k_c \int_0^t u(\tau)\mathrm{d}\tau + \phi\right) \tag{7.20}$$

该模块的输出信号,其频率的大小由输入信号电压决定。

2)调制模块

由于 BPSK 相干解调时,在载波恢复过程中相位不明确,解调过程会出现"倒操作"的现象。所以采用 DBPSK 方式来调制发送信号。

DBPSK 信号调制器理论框图如图 7.29 所示。

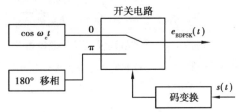

▲图 7.29 DBPSK 信号调制器理论框图

传号差分码的编码规则为

$$b_n = a_n \oplus b_{n-1} \tag{7.21}$$

式中, a_n 为绝对码; b_n 为相对码; $\oplus$ 为模 2 加法; b_{n-1} 为相对代码 b_n 的前一符号,可任意设置初始的 b_{n-1}。

由此在 Simulink 中构建的 DBPSK 调制模块模型图如图 7.30 所示。

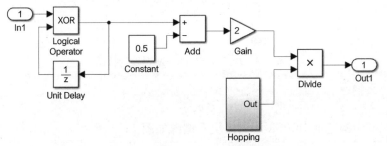

▲图 7.30 DBPSK 调制模型图

在 Simulink 仿真模型中将键控器替换为信号与常数 0.5 做差,对做差后的结果通过值为 2 的增益器。将 0/1 信号变换为 +1/−1 信号,再与载波相乘,即相当于对载波按其相对码进行 0/π 的键控选择,解决了后面基于 System Generator 仿真时模型库中没有键控器的问题。

3)信道噪声模块

在信道仿真期间添加高斯白噪声,通道噪声模块及参数设置如图 7.31 所示。

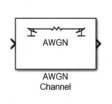
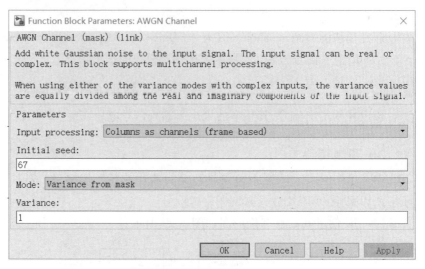

▲图 7.31　通道噪声模块及参数设置

由于所产生的跳频信号是一个连续信号,Signal to noise ratio(Eb/No)、Signal to noise ratio(SNR)等要求离散信号,因此采用 Variance from mask 的方差模式,将 Variance 方差设置为"1"。

4)解调模块

由于采用跳频信号作为载波,一个载波周期内存在多个频率,无法使用延时一个码元进行解调的方法,因此使用相干解调加码反变换法进行解调。

DBPSK 相干解调理论框图如图 7.32 所示。

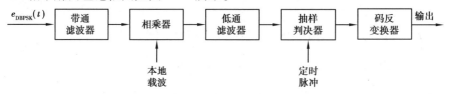

▲图 7.32　DBPSK 相干解调理论框图

差分译码规则为

$$a_n = b_n \oplus b_{n-1} \tag{7.22}$$

在 Simulink 中构建的 DBPSK 解调模块模型图如图 7.33 所示。

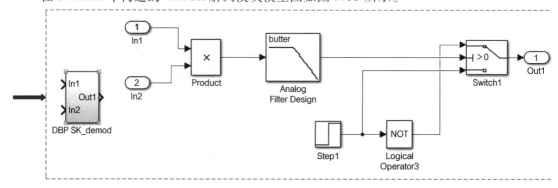

▲图 7.33　DBPSK 解调模块模型图

在解调模块中最为重要的是低通滤波器的设计,若低通滤波器设置不合理,则不能正确取出信号包络,从而导致解调错误。本文针对所产生的信号频率为 1 Hz,因此设置了模拟滤波器通带边缘频率 2π rad/s,低通滤波器参数设置如图 7.34 所示。

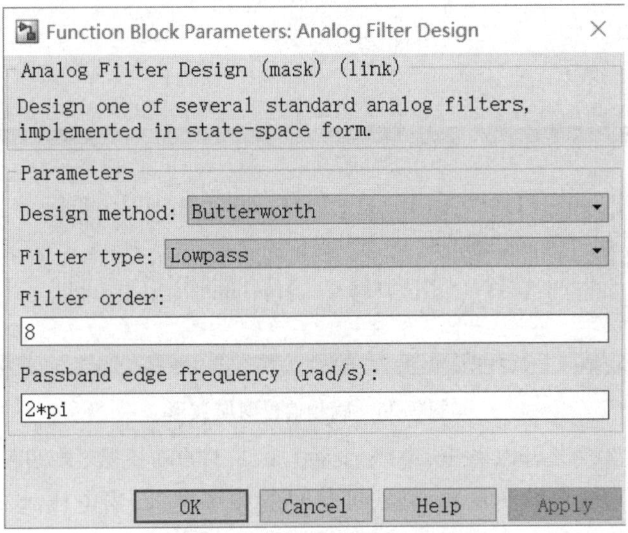

Function Block Parameters: Analog Filter Design　×

Analog Filter Design (mask) (link)

Design one of several standard analog filters, implemented in state-space form.

Parameters

Design method: Butterworth

Filter type: Lowpass

Filter order:

8

Passband edge frequency (rad/s):

2*pi

OK　Cancel　Help　Apply

▲图 7.34　低通滤波器参数设置

5)差分译码模块

差分译码模块模型图如图 7.35 所示。

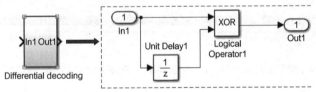

▲图 7.35　差分译码模型图

其中 Delay 模块的初始值设置为 0,采样时间也设为 1。

7.3.4　系统仿真及结果分析

系统仿真模型主要参数设置如下:若发送信号为一个随机序列,每次产生的信号不同,不利于验证分析结果。为了便于验证信号解调后的结果,产生固定序列[1 0 0 1 1 1 0 0]的周期信号,采样时间为 1,即 1 s 产生 1 个码元。差分编码中时延的采样时间设置为 1,即延时 1 个码元。产生周期为 15,频率为 10 Hz 的 m 序列。缓存器的输出 buffer 值设为 4,比特到整数转换器中每个整数的比特数设为 2,解缓存器的初始条件设为 4,零阶保持器的采样频率设为 0.000 01,压控振荡器中输出幅度为 1,静态初始频率为 10 Hz,输入信号灵敏度为 10 V/Hz。也就是说,当信号幅度为 0 时,载波的初始频率为 10 Hz,幅度每增加 1 V,载波频率增加 10 Hz。通过上述参数设置产生四跳频信号。

四跳频通信系统跳频信号的时域波形如图 7.36 所示,第一路为 PN 序列发生器产生相应的整数参数的电压值,第二路为通过压控振荡器与第一路电压值对应输出的时域波形。

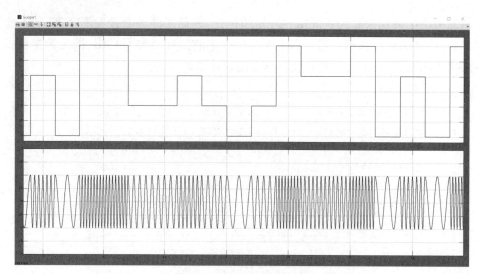

▲图 7.36　跳频信号时域波形

从图 7.36 第一路波形可以看出,电压值为 0,1,2,3 的随机数,共四种不同的电压值。当电压越低,压控振荡器输出的波形越稀疏,即信号的频率越低;当电压越高,压控振荡器输出波形越密集,即信号频率越高。从而实现了四种不同信号频率的跳跃。

以 DBPSK 为调制方式,设计出的该系统仿真波形如图 7.37 所示。

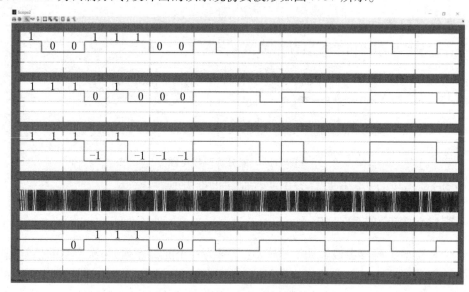

▲图 7.37　系统仿真结果图

图 7.37 中第一路为发送值为[1 0 0 1 1 1 0 0]的周期性信号。第二路为差分编码后的结果图,差分编码后的结果为 1 1 1 0 1 0 0 0。第三路将差分码的 0/1 序列变换为 +1/−1 序列。第四路为进行 DBPSK 载波调制后的波形图。第五路为信号解调后的结果。将第一路波形与第五路波形相比较,由于传输过程中存在一定的时延,但从第三个码元开始能够准确地解调出原始的发送信号。

在仿真结束时,添加错误率计算模块,以及 Display 模块对错码进行显示。

Error Rate Calculation 模块及参数配置如图 7.38 所示。

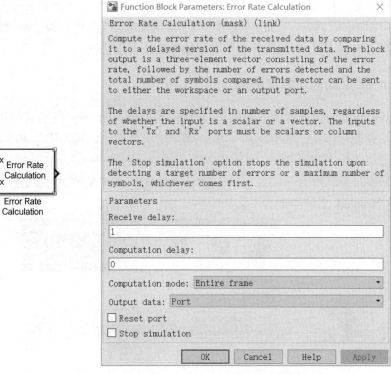

▲图 7.38 Error Rate Calculation 模块及参数配置

在 Error Rate Calculation 模块中,由于接收信号与发送信号相差一个码元,因此将接收时延设置为 1。

Display 显示模块及参数配置如图 7.39 所示。

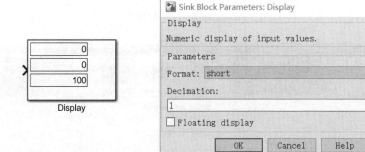

▲图 7.39 Display 显示模块及参数配置

Display 显示模块三行数字表示意义见表 7.2。

表 7.2 Display 显示模块三行数字表示意义

行　数	意　义
第一行	误码率
第二行	接收到错误码元个数
第三行	发送总码元个数

在通信系统中误码率一般最低为 10^{-6}，即每传输 1 000 000 个码元出现一个错码，在本设计中由于计算机配置有限，仅产生了 100 个码元，在对该 100 个码元解调时并未出现误码，由图 7.39 可知其 Display 模块显示的错误概率为 0。结果表明，该仿真设计能够较为准确地实现信号的调制与解调，设计出的跳频通信系统的准确性得以验证。

7.3.5　System Generator 模型的建立

在 Simulink 搭建的仿真模型的基础上，设计出 System Generator 的仿真模型，放置 System Generator 模块并进行仿真。其中 System Generator 模块及参数设置如图 7.40 所示。

本设计使用 Artix 系列 FPGA，用 HDL 网络表编辑，硬件描述语言为 Verilog，目标目录为/netlist，使用 Vivado 默认综合策略及 Vivado 默认执行策略，FPGA 的时钟周期为 10 ns，时钟定位位置为 E3，Simulink 系统周期为 1 s。

（a）Compilation 参数设置

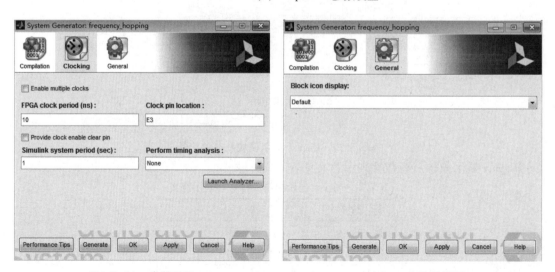

（b）Clocking 参数设置　　　　　　　（c）General 参数设置

▲图 7.40　System Generator 模块及参数设置

System Generator 系统模块仿真结构如图 7.41 所示。

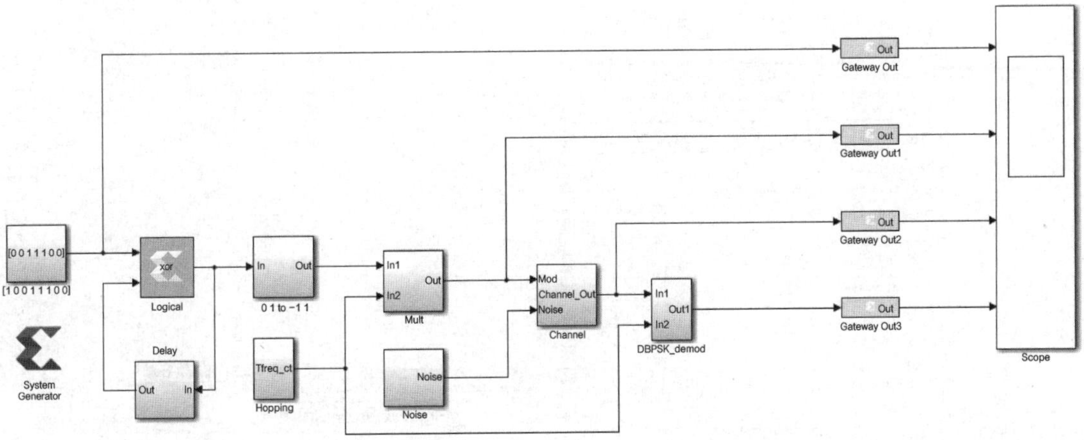

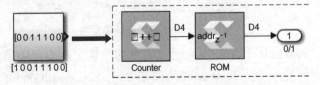

▲图 7.41　System Generator **系统模块仿真结构图**

在图 7.41 的 System Generator 仿真模型中,信号的处理步骤如下。

①为了便于验证信号解调后的结果,利用 System Generator 中的 Counter 模块和 ROM 模块产生一组值为[1 0 0 1 1 1 0 0]的固定信号。

②差分编码数字基带信号。

③由于 System Generator 中没有类似于 Simulink 中的压控振荡器模块,因此编写.m 文件来产生四跳频的跳频信号。

④以跳频信号为载波,使用 DBPSK 的键控法对原始信号进行调制。

⑤将调制信号发送到信道开展传送,并将一定的高斯白噪声加到信道上。

⑥在接收方,接收信号乘以载波完成解跳,此处的 PN 码与发送方的 PN 码保持同步。

⑦通过相干解调的方式解调 DBPSK 调制信号,得到相对码。

⑧对获得的相对码执行逆编码以获得绝对代码,与原始发送的码序列进行对比。

System Generator 主要模块的设计如下。

(1)周期固定信号产生模块

产生一组值为[1 0 0 1 1 1 0 0]的周期信号,子模块及其展开如图 7.42 所示。

▲图 7.42　**产生固定值信号模块及其展开图**

使用位于 Basic Elements、Control Logic、Math 和 Index 四个子库中的 Counter 模块,设置计数器类型为 Count Limited,计数值为 7,及从 0 开始计数,到 7 停止,产生 8 个数。定义 Count direction 为 Up 类型,即加计数。设定计数器最初输出值为 0,单步增量为 1。量化级数设为 3,即 $2^3 = 8$。计数时间设为 400000。将计数后的结果写入到 ROM 中存储,存储深度为 8,初始值为[1 0 0 1 1 1 0 0]。通过上述方法能生成值为[1 0 0 1 1 1 0 0]的周期信号。

Counter 模块和 ROM 模块参数设置如图 7.43 所示。

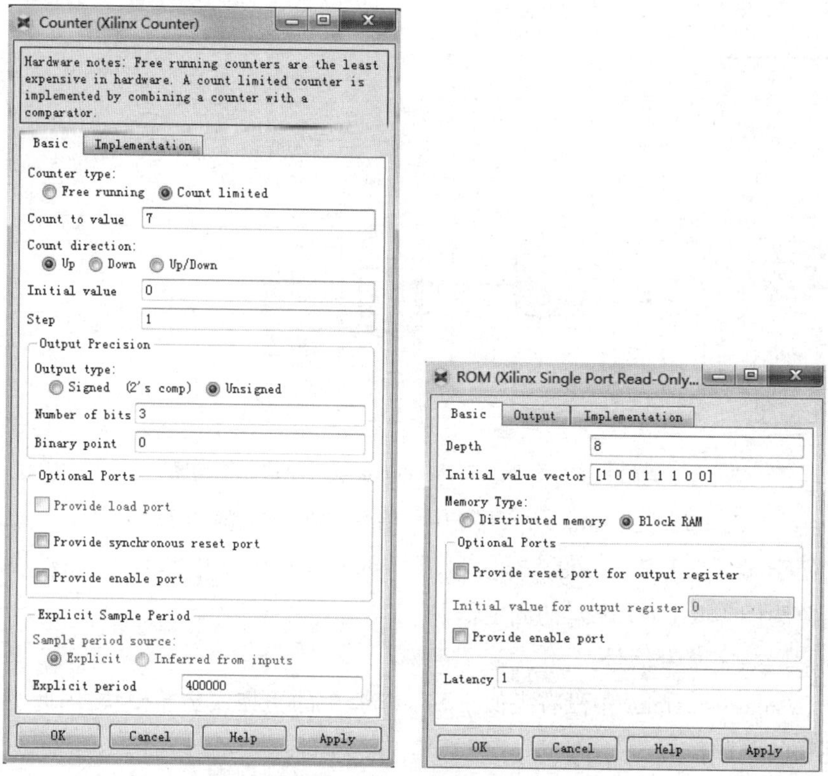

(a)Counter 模块参数设置　　　　(b)ROM 模块参数设置

▲图 7.43　Counter 模块和 ROM 模块参数设置

（2）单极性到双极性转换模块

将值为 0/1 的单极性序列转换为 +1/-1 的双极性序列的子模块及其展开如图 7.44 所示。

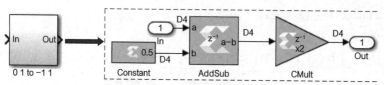

▲图 7.44　单极到双极转换模块

对值为 0/1 的序列减去 0.5 后乘以 2，通过简单的数学运算即可将值为 0/1 的单极性序列转换为 +1/-1 的双极性序列。Constant 模块位于 Basic Elements、Control、Math 和 Index 四个子库中，用于给出一个常量，该模块类似于 Simulink 中的常数模块。设置其为值 0.5，采样周期为 1000 的有符号数。将 AddSub 模块设置为 Subtraction，即将信号与常数 0.5 做减法。CMult 模块位于 Math 和 Index 子库中。此处设置其常值为 2。

Constant 模块和 CMult 模块参数设置如图 7.45 所示。

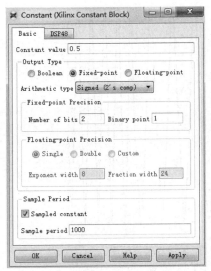 

（a）Constant 模块参数设置　　　　　（b）CMult 模块参数设置

▲图 7.45　Constant 模块和 CMult 模块参数设置

（3）跳频信号模块

由于 System Generator 中没有类似于 Simulink 中的压控振荡器模块，因此编写.m 文件来产生四跳频的跳频信号。四跳频信号的产生如图 7.46 所示。

```
1    clc,clear
2    a=rand(1,4);
3    [b,f]=sort(a);
4    %sort()是排序函数,b是返回的排序之后的数组,f是返回的排序后b的每个元素在原先数组中的
5    f
6    step=0.0025;
7    % 1/400;
8    t=0:step:1-step;
9    tplot=0:step:4-step;
10   Tfreq_ct=[];
11   for i=1:4
12       Tfreq_ct=[Tfreq_ct,sin(2*pi*f(i)*t)];
13   end
14   plot(tplot,Tfreq_ct);
```

命令行窗口
```
f =

    3    1    2    4
```

▲图 7.46　四跳频信号的产生

生成一个 1 行 4 列的随机数组，其中每个元素的值为 0~1，将该数组存放在 a 中；对数组 a 进行排序，并将排序后的数组放入数组 b 中，在数组 f 中放入排序后数组 b 中每个元素在原数组中的位置对应的数。设置采样时间为 1/400 产生一个最低速率为 400 Hz，最高速率为 1 600 Hz 的正弦信号，存在四种不同的随机跳变频率，即产生一个四跳频的信号。具有四个跳频信号仿真结果如图 7.47 所示。

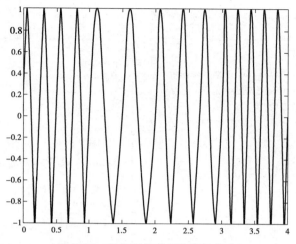

▲图 7.47　具有四个跳频信号仿真结果

　　使用计数器 Counter,计数值为 1599,共计 1 600 个数,设定计数器初始输出值为 0,单步增量为 1,量化级数设为 11,计数时间设为 1000。将. m 文件运行后的结果 Tfreq_ct 的值作为 ROM 模块的初始电压值写入只读存储器中,设置深度为 1600。该模块及其展开如图 7.48 所示,参数设置方法如图 7.49 所示。

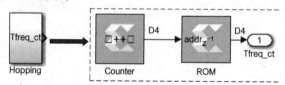

▲图 7.48　跳频子模块

（a）Counter 模块参数设置　　　（b）ROM 模块参数设置

▲图 7.49　Counter 模块和 ROM 模块参数设置

（4）噪声模块

使用计数器 Counter，计数值为 1999，共计 2 000 个数，设定计数器初始输出值为 0，单步增量为 1，量化级数设为 11，计数时间设为 1000。使用 ROM 模块设置深度为 2000，设置初始值为一个 1 行 2 000 列的随机数组乘以 10^{-6}，其中每个元素值为 0 ~ 10^{-6}。其子模块及其展开如图 7.50 所示。参数设置方法如图 7.51 所示。

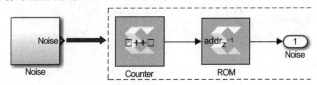

▲图 7.50　噪声模块及其展开图

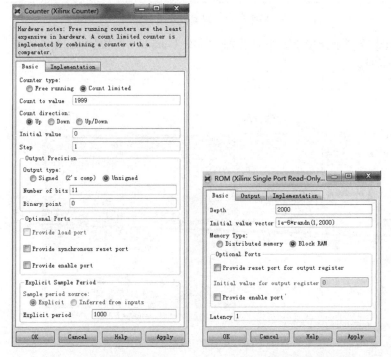

（a）Counter 模块参数设置　　　　（b）ROM 模块参数设置

▲图 7.51　Counter 模块和 ROM 模块参数设置

（5）信道模块

信道仿真即对信号加以一定的高斯白噪声，因此信道模块的主要部分为一个加法器。其 AddSub 模块设置为 Addition 加法，时延为 0，信道模块及其展开如图 7.52 所示。

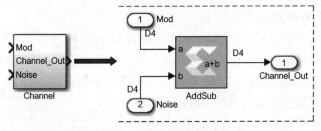

▲图 7.52　信道模块及其展开

（6）DBPSK 解调模块

由于 DBPSK 的相干解调是将经过信道的信号通过带通滤波器,乘以本地的载波,相乘后的结果通过低通滤波器,进行采样判决,最后把判决后的结果进行差分译码。解调模块及其展开如图 7.53 所示。

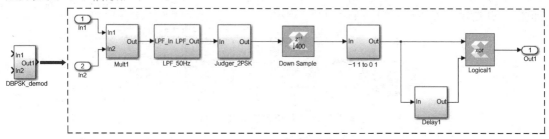

▲图 7.53　解调模块及其展开

其中低通滤波器模块由 FDATool 模块和 FIR Complier 模块构成,低通滤波器模块及其展开如图 7.54 所示。

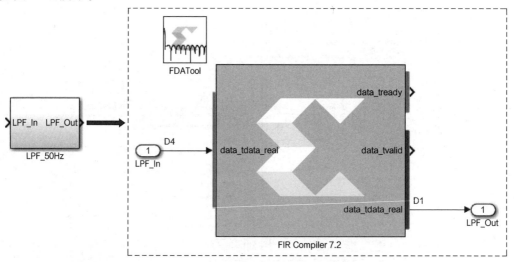

▲图 7.54　低通滤波器模块及其展开

FDATool 模块位于 DSP、工具和索引子库中,是一种过滤波器设计辅助工具。FDATool 模块提出了一个定义 FDATool,并将其保存为 XILINX 模块的方式。在本文中其采样频率 F_s 设置为 50 000 Hz。带通截止频率 Fpass 设置为 150 Hz,阻带开始频率 Fstop 设置为 350 Hz,构造出一个阶数为 494 阶的低通滤波器。

FDATool 模块及参数设置如图 7.55 所示。

FIR Complier 参数设置如图 7.56 所示。

在解调模块中的判决子模块由 Threshold 模块和 Convert 模块构成,判决模块及其展开如图 7.57 所示。Threshold 模块位于 Math 和 Index 子库中,该模块用于检测输入信号的正负性。该模块的输出数据是有标志的两位二进制数。转换模块根据设计,将输入信号转换成对应的数据形式。此处将其转换为有符号的二进制整数。

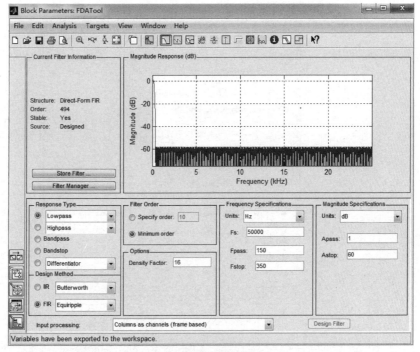

▲图 7.55　FDATool 模块及参数设置

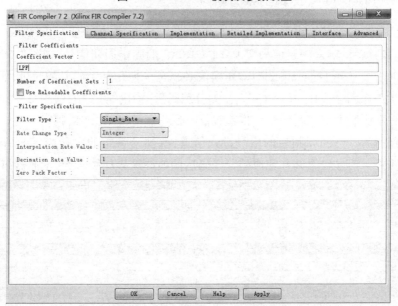

▲图 7.56　FIR Complier 参数设置

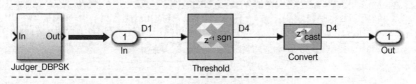

▲图 7.57　判决模块及其展开

其中 Convert 模块参数设置如图 7.58 所示。

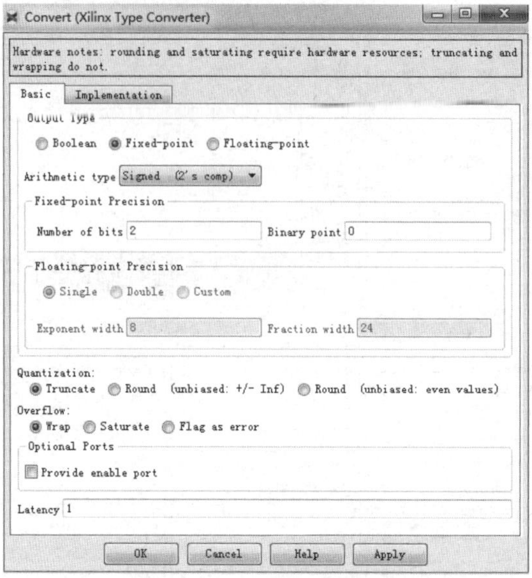

▲图 7.58　Convert 模块参数设置

7.3.6　System Generator 仿真结果分析

若发送信号为一个随机序列,每次产生的信号不同,不利于验证分析结果。为了便于验证信号解调后的结果,输入一组值为[1 0 0 1 1 1 0 0]的固定周期信号,如图 7.59 示波器中第一路所示。由于 System Generator 中 ROM 模块必须至少存在一个码元的时延,所以信号的第一个码元为 0。经编码规则为 $b_b = a_n \oplus b_{n-1}$ 差分编码后,输出结果为(0)1 1 1 0 1 0 0 0 的相对码,如图 7.59 示波器中第二路所示。将跳频信号作为载波经 DBPSK 调制后的信号如图 7.59 示波器第三路所示。已经调制后的信号进入信道,叠加了一定的白噪声后的信号如图 7.59 中示波器第四路。信号经解调并完成差分译码后的最终结果如图 7.59 示波器第五路所示。

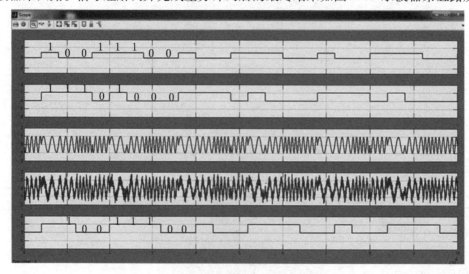

▲图 7.59　跳频系统的仿真结果图

对比第一路和第五路,信号存在一定的时延。但从第三个码元开始,该系统能够准确的解调出发送讯号。在通信系统中误码率一般最低为 10^{-6},即每传输 1 000 000 个码元出现一个错码,在本设计中由于计算机配置有限,无法生成如此庞大数量的码元,在对已有码元解调时并未出现误码。综上,利用 DBPSK 的相干解调方法能够较好地恢复出发送信号。

7.3.7　硬件系统测试结果

本次设计中使用具有 XILINX ARTIX-7 系列 FPGA 的现代通信综合实验系统,该系统技术参数见表7.3。

表7.3　现代通信综合实验系统技术参数

核心板卡	DIGILENT Nexys 4DDR(Artix-7 XC7A100T)
数据接口	串行 8bit ADC×4、串行 8bit DAC×4
扩展接口	Analog Discovery 2×1、SYB-130×2、Pmod×2

为了将设计程序烧录至 FPGA 上,需要利用 Vivado 生成比特文件。生成比特文件流程如图 7.60 所示。

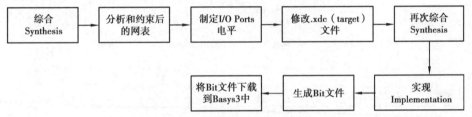

▲图7.60　比特文件生成流程

将如图 7.61 所示的设计结果,利用图 7.60 Vivado 比特文件生产流程产生的比特文件下载到 FPGA 后,用示波器观察四路 DAC 输出。其中 DA1 输出固定的[1 0 0 1 1 1 0 0]周期信号,DA2 输出经跳频调制后的信号,DA3 输出添加了白噪声经信道传输后的信号,DA4 输出过信道后解调出的信号。

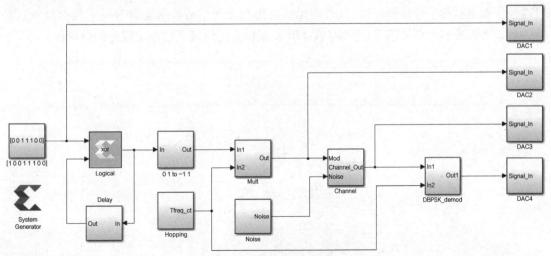

▲图7.61　跳频通信系统的 DA 输出

进行系统测试时,操作步骤如下:

①为现代通信综合实验系统上电;

②寻找目标硬件;

③将生成好的比特文件烧录到 FPGA 中;

④由于有四路 DAC,所以使用四个示波器的探头。将示波器探头带有夹子端分别接地,4 个表笔分别插入 4 个 DAC 测试孔;

⑤打开示波器,按下"AUTO"按钮。相应波形即可在示波器上显示。

用示波器观察波形如图 7.62 所示。

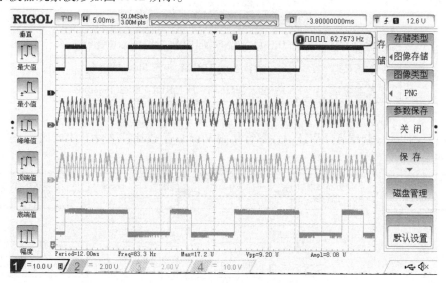

▲图 7.62　跳频系统测试结果

⑥图 7.62 中第一路波形为 DA1 输出[1 0 0 1 1 1 0 0]固定信号,第二路波形为 DA2 输出以四跳频信号为载波调制后的波形,第三路波形为 DA3 输出经信道传输后的信号,第四路波形为 DA4 输出经过信道后去调制输出的信号。由以上波形图可以看出,在示波器中观察到的信号与 System Generator 仿真中 Scope 中观察到的发送信号、将跳频信号作为载波调制后的信号以及去调制后的信号波形一致,且解调出的波形与发送信号波形除具有一定的时延外,保持一致。可以准确地解调信号,证明了在 FPGA 基础上的跳频通信系统设计的合理性。

参考文献

[1] 黄继业,潘松. EDA 技术实用教程:Verilog HDL 版[M]. 6 版.北京:科学出版社,2018.

[2] 纪志成,高春能,吴定会. FPGA 数字信号处理设计教程:System Generator 入门与提高[M]. 西安:西安电子科技大学出版社,2008.

[3] 李晓峰,周宁,周亮. 通信原理[M]. 2 版.北京:清华大学出版社,2014.

[4] 程佩青. 数字信号处理教程[M]. 3 版.北京:清华大学出版社,2007.

[5] 曹志刚. 通信原理与应用:基础理论部分[M]. 北京:高等教育出版社,2015.

[6] 汪振林. 基于 ZYNQ 的直接序列扩频通信系统设计[D]. 合肥:安徽大学,2020.

[7] 王家明,於维程,何勇,等. 基于 Simulink 的直接序列扩频通信系统仿真研究[J]. 信息与电脑(理论版),2021,33(15):201-204.

[8] 丁溯泉,杨知行,潘长勇,等. 扩频技术:历史、现状及发展[J]. 电讯技术,2004,44(6):1-6.

[9] 倪琳娜,赵振岩,于海锋. 基于 Simulink 的直接序列扩频通信系统的仿真[J]. 航天器工程,2010,19(2):74-80.

[10] 李杏梅,陈亮,闻兆海. Simulink 在直接扩频通信系统中的应用[J]. 电子工程,2006(2):40-43.

[11] 郭梯云,邬国扬,李建东. 移动通信[M]. 3 版.西安:西安电子科技大学出版社,2005.

[12] 李维坤. 基于 m 序列的直接扩频通信系统仿真设计[J]. 电子制作,2018(1):55-58.

[13] 丁凯,王英. 基于 Simulink 的直接序列扩频通信 BPSK 调制仿真[J]. 舰船电子工程,2015,35(9):78-81.

[14] 何宾,张艳辉. Xilinx FPGA 数字信号处理权威指南:从 HDL 到模型和 C 的描述[M]. 北京:清华大学出版社,2014.

[15] 沈振惠. 低信噪比 DS-SS/BPSK 信号检测与参数估计技术研究[D]. 成都:电子科技大学,2003.

[16] 王永林,王丽娜. DS-SS 系统解扩技术研究[J]. 无线电通信技术,1999,25(1):36-39.